浙江省数字化改革研究智库联盟

# 浙江省数字化发展研究

## ——2022年智库报告——

## The Think Tank Research Report

### on Zhejiang Digital Development (2022)

浙江数字化发展与治理研究中心◎编

ZHEJIANG UNIVERSITY PRESS
浙江大学出版社
·杭州·

**图书在版编目(CIP)数据**

浙江省数字化发展研究 2022 年智库报告 / 浙江数字
化发展与治理研究中心编. —杭州:浙江大学出版社,
2023.12
ISBN 978-7-308-24761-0

Ⅰ.①浙⋯ Ⅱ.①浙⋯ Ⅲ.①数字技术—研究报告—
浙江—2022 Ⅳ.①TP3

中国国家版本馆 CIP 数据核字(2024)第 060537 号

**浙江省数字化发展研究 2022 年智库报告**
浙江数字化发展与治理研究中心 编

| | |
|---|---|
| **策划编辑** | 陈佩钰 |
| **责任编辑** | 葛 超 |
| **责任校对** | 许艺涛 |
| **封面设计** | 续设计 |
| **出版发行** | 浙江大学出版社 |
| | (杭州市天目山路 148 号 邮政编码 310007) |
| | (网址:http://www.zjupress.com) |
| **排 版** | 浙江大千时代文化传媒有限公司 |
| **印 刷** | 广东虎彩云印刷有限公司绍兴分公司 |
| **开 本** | 787mm×1092mm 1/16 |
| **印 张** | 11.5 |
| **字 数** | 180 千 |
| **版 印 次** | 2023 年 12 月第 1 版 2023 年 12 月第 1 次印刷 |
| **书 号** | ISBN 978-7-308-24761-0 |
| **定 价** | 68.00 元 |

# 本书编委会

主　编　刘　渊　陈　川

副主编　许小东　童　昱

成　员　吕佳颖　王华星　郭　莹　王红岩

　　　　李　旋　董思怡

**实践篇案例提供单位**（按案例顺序排序）：

宁波市江北区科学技术局

浙江省经济信息中心

浙江省中小企业服务中心

龙游县经济和信息化局

浙江省标准化研究院

中共杭州市富阳区委组织部

浙江省计量科学研究院

浙江数字化发展与治理研究中心

浙江大学管理学院

拱墅区数据资源管理局

浙大城市学院国际文化旅游学院

新华智云科技有限公司

浙江大学医学院附属第二医院

安吉交投出行科技服务有限公司

浙江工业大学管理学院

中共安吉县委全面深化改革委员会

衢州市柯城区农业农村局

国家电网有限公司大数据中心

**技术支撑单位：**

杭州码全信息科技有限公司

# 目　录

理论篇

## 实践篇

理论篇

2021年，浙江在全国率先启动一项关系全局、影响深远、制胜未来的重大集成改革——数字化改革，并确定为全面深化改革的总抓手。在2021年2月18日召开的全省数字化改革大会上，时任浙江省委书记袁家军提出实现数字化改革"一年出成果、两年大变样、五年新飞跃"的阶段性目标，将浙江数字化改革一张蓝图绘到底，并构建"152"工作体系："1"即一体化智能化公共数据平台；"5"即党政机关整体智治、数字政府、数字经济、数字社会和数字法治等五大系统；"2"即数字化改革的理论体系和制度规范体系。①

随后，浙江省委、省政府每两个月召开一次数字化改革推进会，各地各部门围绕"152"体系快速推进，"一把手"带头投身改革浪潮。截至2021年底，一体化智能化公共数据平台支撑有力，党政机关整体智治、数字政府、数字经济、数字社会、数字法治五大综合应用亮点纷呈，一批具有浙江辨识度、全国影响力的理论成果、制度成果纷纷涌现。② 七张问题清单、浙江公平在线、药品安全智慧监管"黑匣子"、浙里民生"关键小事智能速办"、社会矛盾风险防范化解、浙江省一体化数字资源系统等25个应用等一批凝结数字化改革"硬核"成果的项目荣获2021年度浙江省改革突破奖，③为数字化改革落地提供了科学又丰富的方法论。

2021年12月27日，浙江省委召开第五次全省数字化改革推进会，

① 数字化改革体系架构"152"两次迭代升级为"1612". (2022-08-29)[2023-10-10]. http://www. bl. gov. cn/art/2022/8/29/art_1229055366_59056878. html.

② 浙江推进数字化改革综述. (2021-11-30)[2023-10-12]. https://www. gov. cn/xinwen/2022-01/08/content_5667128. htm.

③ 凝结数字化改革"硬核"成果 2021年度浙江省改革突破奖公布. (2022-02-28)[2023-10-18]. http://www. zjsjw. gov. cn/toutiao/202202/t20220228_5649506. shtml.

充分肯定一年来全省数字化改革的成果,谋划部署下阶段重点任务。会议提出,数字化改革"152"体系构架迭代升级为"1512"新体系,增加的那个"1",就是将基层治理作为独立系统加快构建,打通改革落地"最后一公里"。

2022 年 2 月 28 日,浙江省委召开全省数字化改革推进大会,回顾一年来数字化改革的主要成效,研究部署 2022 年数字化改革目标任务,时任浙江省委书记袁家军在全省数字化改革大会上指出:2022 年是实现数字化改革"一年出成果、两年大变样、五年新飞跃"战略目标的关键之年,也是全面贯通、集成突破、集中展示之年。要迭代升级数字化改革体系架构,整合形成"1612"体系构架——第一个"1"即一体化智能化公共数据平台(平台+大脑),"6"即党建统领整体智治、数字政府、数字经济、数字社会、数字文化、数字法治六大系统,第二个"1"即基层治理系统,"2"即理论体系和制度规范体系——形成一体融合的改革工作大格局(见图 1)。① 至此,浙江全面进入数字化改革"两年大变样"的新征程。

本报告的理论篇基于深化数字化改革的新任务、新认知、新特征和新突破,从理论上解读了从"一年出成果"到"两年大变样"阶段的逻辑转变,并为浙江省全方位纵深推进数字化改革,深化数字化改革助力政府职能转变,高质量发展建设共同富裕示范区提供理论支撑。

---

① 袁家军:纵深推进数字化改革. (2022-02-28)[2023-10-23]. https://hznews. hangzhou. com. cn/xinzheng/ldzyjh/content/2022-03/01/content_8184318. htm.

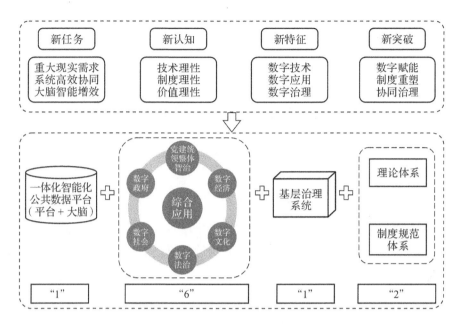

新任务
重大现实需求
系统高效协同
大脑智能增效

新认知
技术理性
制度理性
价值理性

新特征
数字技术
数字应用
数字治理

新突破
数字赋能
制度重塑
协同治理

一体化智能化
公共数据平台
（平台＋大脑）

党建统
领整体
智治

数字
政府

数字
经济

综合
应用

数字
社会

数字
文化

数字
法治

基层治理
系统

理论体系

制度规范
体系

"1"　"6"　"1"　"2"

图 1　2022 年浙江数字化改革蓝图

# 深化数字化改革的新任务①

2022年浙江省的数字化改革已进入深水区。在国情、省情等因素的综合推动下,数字化改革着力在加快推动高质量发展建设共同富裕示范区等一系列重大任务,并在不断的探索与迭代中,通过实战检验成效。为此,浙江省为迭代升级数字化改革"1612"体系构架,围绕数字化改革与全面深化改革、共同富裕示范区重大改革任务整体贯通、一体推进提出了新的任务。

## 一、找准着力点 聚焦重大现实需求

需求分析是数字化改革的原点,也是践行以人民为中心的高质量发展理念的本质要求。数字化改革要求围绕满足重大需求谋划多跨场景,找准改革突破口,实现开发应用与推进改革的一体融合。数字化改革的核心要义在于解决问题、塑造变革。突出实战实效,意味着数字化改革必须向难而行,直面重大需求,迎接困难挑战。以国家所需、浙江所能、群众所盼、未来所向的重大需求为导向,以重大应用支撑重大改革,以重大改革塑造重大应用。

从这些重大需求中找准着力点,数字化改革就能精准撬动全方位各领域的改革。每年谋划推出一批省领导领衔的牵一发而动全身的重大改革(重大应用),分为迭代升级、启动实施、谋划推进"三个一批"滚动实施,集全省之力攻坚落实,确保取得突破性进展、标志性成果。例如浙江省开

① 施力维,徐子渊.挺进深水区,实战实效从何而来.浙江日报,2022-04-27(2).

发"大综合一体化"执法监管应用,全面落实中央赋予浙江的"大综合一体化"行政执法改革试点任务;打造"亚运在线"应用,做优做精杭州亚运会各项筹备工作。

## 二、勇闯深水区　推动系统高效协同

习近平总书记强调,统筹推进各行业各领域政务应用系统集约建设、互联互通、协同联动,发挥数字化在政府履行经济调节、市场监管、社会管理、公共服务、生态环境保护等方面职能的重要支撑作用,构建协同高效的政府数字化履职能力体系。[①] 集约建设,要求统筹应用开发,复用组件模块,避免重复建设;互联互通,要求打造数据底座,支撑应用建设,推动场景融通;协同联动,要求打破条块分割,强化工作协同,放大整体效能。推进数字化改革,必须从深层次推动数据共享、流程再造、制度重塑,不断增强数字化对重大任务、核心业务的支撑作用。[②]

近年来,浙江省坚持组织形态与发展形态、社会形态、治理形态相耦合,系统重塑政府机关运行的组织架构、管理架构、业务架构,推动政府机关运行效能整体跃升。加强政府机关职能一体化统筹,以"一件事"为单元,推动机构职能、编制、人力等围绕具体的"事"高效统筹、有机联动。实施党政机关决策、执行、预警、监管、服务、督查、评价、反馈等数字化协同工程,加快构建核心业务全覆盖、横向纵向全贯通的全方位数字化工作体系。各部门须推动系统重塑、高效协同,打破过去各自为政的局面。

## 三、智能增效能　强化"大脑"建设

"大脑"是综合集成算力、数据、算法、模型、业务智能模块等数字资源,

①　人民网.权威解读:以数字化改革助力政府职能转变 提升政府履职科学化精准化智能化水平.(2022-06-30)[2023-10-27].http://finance.people.com.cn/n1/2022/0630/c1004-32462306.html.

②　国务院关于加强数字政府建设的指导意见(2022-06-06)[2023-10-29].https://www.gov.cn/zhengce/zhengceku/2022/06/23/content_5697299.htm.

具有实现"三融五跨"的分析、思考、学习能力,并不断迭代升级的智能系统,是一体化智能化公共数据平台的重要组成部分和核心能力所在,是构建数字化改革能力体系和动力体系的重中之重。"大脑"不同于单个的应用,而是一体化智能化公共数据平台的一部分,是支撑多种应用的能力集和动力集,为系统重塑提供支撑、形成能力。[①] 这意味着随着数字化改革的持续深入,到了"大变样"阶段,"大脑"将更加智能化、智慧化,进一步赋能实战,破解以传统方式难以解决的问题。

为此,数字化改革着重强化"大脑"综合集成,开发无感监测、机器视觉、语义理解、语音识别等各类智能组件,加快推进数据集成、知识集成、工具集成、模块集成、生态集成、案例集成。提升"大脑"自我学习、自我判断能力,将政务数据、社会数据、物联感知数据等进行碰撞、清洗、集成、加工、分析,建立体系化、长期性、可调用的工作模型,构建"决策—控制—反馈—改进"工作闭环,进一步提高监测分析评价、预测预警和战略目标管理能力。推进"大脑"集约高效开发,按照"系统大脑+城市大脑"的体系架构,推进城市生命体征全要素数字化归集,实现城市运行一网统管、政务服务一网通办、公共服务一网通享。[②] 推动系统重塑、高效协同,打破过去各自为政的局面。

① 杭州网.如何完善"大脑"体系?.(2022-07-30)[2023-11-01]. https://news. hangzhou. com. cn/zjnews/content/2022-07/30/content_8318822. htm.

② 袁家军:以习近平总书记重要论述为指引全方位纵深推进数字化改革.(2022-05-18)[2023-11-03]. http://theory. people. com. cn/n1/2022/0518/c40531-32423962.html.

# 深化数字化改革的新认知<sup>①</sup>

  深化数字化改革需要进一步认识知与行、统与分、整体与局部的辩证关系,在认知体系上抓住数字化改革复杂系统特征,从技术理性跨越到制度理性,最后实现价值理性,推进数字化改革长效发展。

  数字化改革并非简单的软件系统设计,而是典型的复杂系统,不仅需要不断通过聚焦问题和模块化来"化繁为简",更需要时刻关注系统实现的环境、主体行为与系统功能的匹配,并最终将工作重点逐步转移到对系统的状态、演化和过程的把握上。

  数字化改革在实施初期依赖技术理性和制度理性。技术理性是将数字化技术作为探索与改造世界的智慧结晶,有效发挥其工具属性,成为驱动经济社会发展的主要生产要素;制度理性是数字化技术不断深化对经济社会发展规律的系统认知,确立科学的发展理念,激发全社会的动能,形成科学理性的生产方式、生活方式和治理方式。

  技术理性和制度理性是数字化改革的两大基石,尤其是制度理性应该成为技术理性的引导力量。两种理性最终将汇集于价值理性。数字化改革的价值理性即科技向善,是构建人类命运共同体的内在要求,是共同富裕的重要保障,因此,要维护基础设施的安全可靠,坚持科技伦理,打击网络不法行为,真正保护公平竞争和推动创新,合理界定数字产权,克服"鲍莫尔病"和"数字鸿沟",实现包容性增长。

<hr />

  ① 刘渊:数字化改革的"三重理性"认知.(2021-12-28)[2023-11-11].http://zjrb.zjol.com.cn/html/2021-12/28/content_3506209.htm? div=-1.

## 一、从简单系统到复杂系统的技术理性

技术理性即工具理性,指人类追求技术合理性、规范性、有效性和理想性的抽象思维活动、智慧和能力,是一种扎根于人类物质需求及人对自然界永恒依赖的实践理性和技术精神。

数字化改革在技术上主要体现为开发实现的复杂性、多系统的逻辑一致性、场景的可变性、数字化底座的可见性。数字化技术本身不能代替数字化改革过程,即不能用局部的技术应用和开发来代替整体的系统整合与迭代。这就需要数字化技术始终根植于社会生产和生活的大系统,并通过系统中运行的正负反馈来进行自我调节和最优化,从而实现对整个经济社会系统的赋能。

## 二、从个体行动到集体协同的制度理性

制度理性是一种集体理性,是指能够在最大程度上以特定方式通过集体努力来形成社会利益最大化的制度安排。从数字化技术理性跨越到数字化制度理性,需要正确处理技术与制度的关系。

数字化改革的制度安排,首先是由数字化多跨场景和流程再造所构成的,因此从技术理性可推出制度理性;其次,数字化系统要发挥作用,一定要适应数字化改革环境的要求。数字化系统在自身系统发展和不断适应环境的双重影响下不断发生演化,并由此确定系统的功能迭代和行动过程。

集体理性的最大难点是多元主体的协同。制度理性在数字化改革中的显著体现就是制度重塑,其重要意义在于通过数字化改革形成社会利益最大化的制度安排,并以此作为协同政府、市场、社会多元主体的基本准则,实现治理现代化。

## 三、从用户导向到社会共享的价值理性

价值理性是指从某些具有实质的、特定的价值理念的角度来看技术行为的合理性。价值理性以人为本，更加关注是否能够以人的根本需要为出发点，关注整个社会的持续发展与人的关系以及发展成果的分享。

在数字化改革价值理性的要求下，政府需要从条块分割、以流程为导向的组织架构转向高效协同的框架，建设变革型组织。在主体上要把多元主体和经济社会系统纳入数字化改革中，需要政府通过数字化改革建立与多元主体更加紧密的关系，包括通过平台接口来界定各主体的权责，通过数据交换来协同各主体的行为，通过大数据来监督、协同各类公共品和准公共品的供需，实现社会价值共创。

# 深化数字化改革的新特征①

　　数字化改革,既是数字化赋能全面深化改革,也是将数字领域纳入改革范畴。以数字化改革撬动各领域各方面改革,已经成为当下和未来全面深化改革的战略选择。浙江省数字化改革呈现出以下三方面的新特征。

## 一、以数字技术为要素催生改革新动能

　　技术是一种重要的生产要素。数字技术作为一种颠覆性的技术革命,其着眼于整个系统的赋能而不是孤立的技术应用。如今,各种感应探测技术、大数据、人工智能、物联网的广泛应用,使得以解放和发展生产力为目标的改革工作具备新动能。

　　大数据推动改革工作的精准化。一方面,大数据实现了对改革工作全过程的精准掌握,并预测社会经济发展的趋势,能够针对不同改革领域和问题进行情境映现和成效评估。另一方面,管理决策范式呈现出数据驱动的全景式特征,改革工作可以触达更加微观的层面,直接面向问题解决的同时,借助多维异构数据整合实现全局联动。

　　数字化流程推动改革工作的高效化。数字化流程从根本上改造服务方式与业务流程,并嵌入人们的生产生活中,这使得政府工作可以更为直接地面向人民的现实需求。通过数据采集、共享、处理、反馈,政府和相关主体可以解析洞察社会经济需求,并通过业务协同实现服务的创新与适配,将"由

　　①　刘渊.关于数字化改革理论内涵的解读.政策瞭望,2021(3):31-32.

内而外"的传统政府服务模式转变成"由外而内"的需求发现模式,实现改革创新。

平台协同推动改革工作的系统化。数字化平台改变了传统以行政命令和责任机制为核心的运作方式,促进了内部协同和风险共担。政府角色也由以往的唯一决策主体转变为平台协同的"规划者"和"参与者"。数字化平台有助于改革工作纳入更多主体,减少过程中的冲突与矛盾,提高整体工作的系统性。

## 二、以数字应用为载体架构改革新空间

数字空间已经成为物理空间与社会空间的连接载体,其本身已经成为社会活动和经济活动的重要组成部分,且催生了新的生产关系。近年来,随着数字化应用的高度普及与发展,数字空间的发展出现了一些系统性的问题,亟待在体制建设上下大功夫。

数字领域的改革具有两面性。随着"数字世界"不断融入"物理世界"与"人类社会",环境、人类与数据相互影响,形成了以数据要素为核心、高度互联、去中心化的新生产关系。数字世界一方面代表了对现实问题的改革和颠覆,使之成为改革的代名词;另一方面又是现实世界所存在问题的映射。数字世界不同于现实世界,在于它不局限于特定时间与空间,因此扩展了其可能存在的负面影响的范围与持续时间。

数字领域的改革更加碎片化。数字领域的组织边界日益模糊,需要治理和服务的对象不再是简单的公民个人和企业组织,而是庞大的具有多种角色属性的用户群体。这使得改革工作面临碎片化的挑战。问题的碎片化会进一步要求改革工作方式的重构。不同于传统现实领域改革的一步到位,数字领域的改革往往是试错性的和进化式的。在保证决策稳定的前提下,改革工作需要随着需求的变化而推进深化。

数字领域的改革对政府能力提出更高要求。要使改革工作有效深入到数字领域,需要政府具备针对数字化平台、应用和相关生态的科学治理能力,这进一步要求推动政府工作和决策方式的改革。例如成立围绕创新业

务、场景的跨部门合作创新小组,建立专门的数字领域制度建设与治理部门,避免数字化应用带来的社会性和经济性系统风险。

## 三、以数字治理为模式共创改革新价值

数字技术使得公民、企业、政府等不同主体打破传统边界,在广泛互联的基础上不断共享创新,促成了主体之间前所未有的连接能力、形成了全新的生产和生活关系。这种关系的改变使得数字化改革的价值创造路径发生改变:从政府为了服务对象高效便捷地获得服务,单方面提升行政管理的内部效率出发;到关注服务对象主动参与服务的交付,在社会范围内协同各主体进行价值共创。

创新体制机制,共创公共价值。数字化改革的价值内容更关注多元主体带来的外部效益,这些外部效益会影响不同主体,不仅涉及服务提供者与服务对象之间的关系,也涉及政府与社会主体之间的关系,从而通过多元主体之间的协同交互来对各个服务场景进行治理,共同创造社会价值。政府角色从传统的单一供给模式中的"全能者",改革为多元主体协同模式下的"统筹规划者",通过政府与社会接口的定义来界定各个主体的权责,也通过接口的数据交换来协同各个主体在场景中的行为。数字化改革,实则是通过创新管理体制机制,让其更好地适配当下数字化多元利益冲突的挑战。

生产关系重塑,激发新生产力。随着数字连接的泛在化,社会经济参与者借助广泛、高效的信息闭环形成交互连接,正朝着更加复杂和相互依赖的劳动分工发展。主体之间的相互依赖性日益增强,逐渐形成"社会化生产"的生产服务方式,激发社会多元主体共同参与公共服务的供给,提高了政府服务的灵活性和专业性。因此,数字化改革实则是建立一套重塑生产关系的机制来激活各主体的积极性,从而进一步提升生产力。

以人民为中心,丰富改革效果评价方式。改革的价值不再围绕单方面的效果,而是通过数据来监督、协同各供需主体实现整体满意,在评价上可以更侧重社会资源的有效配置、省域治理的系统性,以及整体社会经济运行效率的提升。

# 深化数字化改革的新突破[①]

纵深推进数字化改革,需要统筹运用数字化技术、数字化思维、数字化认知,发挥数字化改革的引领、撬动、赋能作用,着力打破与数字化时代不相适应的生产方式、生活方式、治理方式,推进经济社会深层次系统性制度性重塑。在行动路线上,可以围绕数字赋能、制度重塑、协同治理三个层面来展开。

## 一、技术迭代精准提升需求识别效率

数字赋能是纵深推进数字化改革的基础,首先要坚持问题导向,以重大需求牵引实现重大改革。以精准识别需求为突破口,找准企业、群众、基层最为迫切的需求、最想解决的问题、最有获得感的领域,运用数字技术对公众数据进行挖掘、开发和利用,拓宽政府与企业、群众、基层的互动与对话通道,提升需求识别精准性,提升政府服务效率及效能。数字技术具有低门槛、广覆盖、深介入、快传播等特征,具有普惠包容、绿色环保等属性,数字技术的角色已从单一的通信手段或计算工具,上升为消除贫困、满足不发达地区发展需求、助力弱势群体、帮扶小微企业,最终实现全社会共享发展红利的关键赋能手段。

数字赋能不是空中楼阁,需要持续夯实数据基础,以数据连接赋能需求

---

① 刘渊:纵深推进数字化改革新突破.(2022-03-21)[2023-11-11]. https://www.zjskw.gov.cn/art/2022/4/2/art_1229536517_46025.html.

识别。数据是信息的载体,记载和反映着客观事物的性质、状态以及相互关系,人、机、物三元世界的高度融合引发了数据规模的爆炸式增长和数据模式的高度复杂化,以互联网、物联网和智能设备为主体的信息沟通技术快速推进现代社会的数据化,为观察、记录、传输、存储、保护、分析各类主体行为和社会状态提供便利。而海量、多维、多源异构、高频实时的数据需要我们进一步完善数据治理水平,提升用户个人信息保护和国家地区安全水平。

数字赋能需要核心科技驱动,运用数字技术不断提高需求识别的精准性。以大数据、云计算、物联网、人工智能等为代表的数字技术集成的数字化平台,为精准供需匹配的实现提供了新的思路和工具。数字化领域是全球科技竞争的焦点前线。我们面对的是全球最佳的数据产生和应用需求环境,需要系统性地解决核心技术的自主研发、标准主导以及本地使用的主控权,这不仅需要新的技术路线,也需要打破传统思维模式,建立数字化改革的系统性思维、开放性思维、非线性思维和价值思维。

数字赋能需要嵌入场景,基于企业、群众需求梳理核心业务流程和谋划综合应用场景。流程协同是治理过程中发现、落实重大需求的重要手段,它意味着高效优质的服务与管理必须建立在政府将社会需求置于优先地位的基础上:前期以特定的问题和事项为中心,政府通过数字化平台发挥相关资源分配和行动主体组织方面的中枢性功能;后期形成一种常态化的正式制度,对体制机制作系统性变革,实现相应的监督、考评与问责等管理制度革新,推动变革型组织建设。

## 二、制度重塑全面破除体制机制障碍

数字化改革制度重塑是在数字赋能的基础上,为构建多元主体间新型关系创造条件。其价值在于对数字化改革方向的引领作用,撬动体制机制改革创新取得重大突破,着力打破与数字时代不相适应的生产方式、生活方式、治理方式,推进经济社会深层次系统性制度性重塑。要激活各主体的内生动力并保持由各主体构成的数字化系统的可持续迭代发展,需要在各主体之间建立起程序化、制度化的信息交互机制,明晰各自角色和边界,充分发挥数字价值。

通过数字化改革制度重塑,积极鼓励社会、企业和个人参与数字化改革,形成多元主体及多中心协同的治理网络,建立制度化的治理协同机制。充分发挥社会、企业和个人的专业化、市场化、社会化优势,破除制约数字生产力释放的体制机制障碍,建构多元协同治理的利益表达、利益凝聚与利益协调机制。重新实现社会结构的组织化、秩序化,通过协调与维系各主体间利益关系,建构协同治理的长效运作机制。

就政府内部而言,数字化改革制度重塑是在纵向上打通省市县三级数据平台,强化数据治理闭环管理与数据共享,破除影响跨层级流程与业务协同的体制机制;在横向上,每个层级及每个部门都要找准自身站位,从核心业务梳理中发现问题,多打大算盘、算大账、算长远账,善于把本地区、本部门工作融入全国和全省事业发展大棋局,使得流程更能够与技术相融合,在组织架构和技术架构不相适应的情况下还要实现组织结构及制度层面的调整和变革。

就政府与社会、企业、个人之间的关系而言,数字化改革制度重塑应充分发挥社会与企业的主观能动性,从根本上解决内外部信息不对称、政策回应慢等问题,避免有效治理中政府的"错位""越位"和"缺位"等现象,促进社会、企业、个人的健康发育、理性成长,及时有效地把社会、企业和个人有机融入治理网络中,实现社会治理的协调有序发展。

就社会、企业与个人之间的关系而言,数字化改革制度重塑应推动社会与企业构成除政府以外的重要中心,能通过联结政府与公众,充分利用自身的社会资源和专业技术优势提供服务,在减轻政府负担的同时扩大公众对社会事务的知情度和参与度,并根据不同情景因地制宜地给出解决方案,从而更加有效率、有策略地促进社会和谐与进步。作为最广大的主体,社会公众是复杂社会网络最基本的构成要素,是社会信息最直接、最灵敏的感知者、提供者,是社会联系最广泛的承载者,他们在复杂社会网络中通过各种途径和方式自组织地参与社会事务、管理社会事务,能释放巨大活力。

# 三、价值跃迁打造共建共治共享格局

纵深推进数字化改革,要在精准识别需求和激发多元主体活力的基础上,进一步实现数字化改革中各子系统间的互相协调和互相协作。关键是坚持多跨协同解决问题,推动有效市场和有为政府更好结合,推动社会公共事务向整体治理方向发展,使各主体围绕数字化改革与共同富裕的目标协同共治,实现多主体共创最优整体价值,以整体协调推进共建共治共享。

数字化改革协同治理的对象是一个数字化的复杂系统。现实社会的多样性和复杂性程度随着社会的发展和社会转型的深入而不断提升,环境和社会事件的复杂性、关联性和不确定性都对政府、社会、企业和个人等各种力量的协同提出了更高要求。通过复杂网络的数据化,可以实现子系统之间的相互合作,可以使系统产生微观层次所无法实现的新的系统结构和功能。

数字化改革协同治理的目标是多元自主性和整体最优性,是政府、社会、企业和个人等主体基于自愿平等与协作、价值共识达成的默契配合,并然有序地、自发和自组织地参与到数字化改革的集体行动过程。通过协商对话、相互合作等方式,数字化改革在各个系统中实现内外融合、上下贯通对接,把社会系统中彼此无序、混沌的各种要素在统一目标、内在动力和相对规范的结构形式中整合起来,实现治理资源配置效用最大化和社会系统整体功能的提升,是对现有治理理念、方式、路径和机制的重要创新,是治理体系和治理能力现代化的重要体现。

数字化改革协同治理的途径是构建多元主体协同创新机制,各主体间要有数字化改革的协同意愿、共同目标和信息沟通通道,要建立起多元主体之间纵向与横向复合的协同创新机制,通过治理网络中各主体、各层次围绕治理目标的协同行动,不断提升社会网络的容错能力,实现协同治理的"帕累托改进"及社会整体功能的优化。政府作为核心主体,要发挥主导作用,做好对其他治理主体的培育和平台搭建工作,同时,协调并激发多元主体的参与活力与动力,实现横向与纵向协同治理。

实践篇

2003 年,习近平同志在浙江工作期间提出"要坚持以信息化带动工业化,以工业化促进信息化,加快建设数字浙江",并将其作为"八八战略"的一项战略性任务、基础性工作、先导性政策来谋划实施,指引浙江率先开启了数字建设的探索实践。① 历届省委、省政府坚持一张蓝图绘到底,推进数字浙江建设不断打造新成果、开辟新境界。浙江是数字中国战略擘画的重要萌发地、实践地,习近平总书记的战略指引是推进数字浙江建设的灯塔航标,立潮头的担当作为是数字浙江建设的内生动力,变革性的数字赋能是数字浙江建设的重要支撑。我们要总结提炼更多实践经验、理论成果,激发创造更多新理念、新思路,为建设数字浙江和数字中国贡献智慧。②

党的二十大报告擘画了建设网络强国、数字中国的宏伟远景。中共中央、国务院印发的《数字中国建设整体布局规划》强调,建设数字中国是数字时代推进中国式现代化的重要引擎,是构筑国家竞争新优势的有力支撑。加快数字中国建设,对全面建设社会主义现代化国家、全面推进中华民族伟大复兴具有重要意义和深远影响。③ 习近平总书记指出,数字技术正以新理念、新业态、新模式全面融入人类经济、政治、文化、社会、生态文明建设各领域和全过程,给人类生产生活带来广泛而深刻的影响。④ 数字中国建设

① 王钦敏:统筹推进数字中国建设.(2023-03-26)[2023-11-12]. http://www.ce.cn/xwzx/gnsz/gdxw/202303/26/t20230326_38462596.shtml.

② 数字中国的浙江探索暨数字浙江建设 20 周年理论研讨会召开 为建设数字浙江和数字中国贡献智慧.(2023-09-14)[2023-11-13]. https://www.zjskw.gov.cn/art/2023/9/14/art_1229711390_54223.html.

③ 人民网.中共中央 国务院印发《数字中国建设整体布局规划》.(2023-02-27)[2023-11-13]. http://politics.people.com.cn/n1/2023/0228/c1001-32632549.html.

④ 新华网.习近平向 2021 年世界互联网大会乌镇峰会致贺信.(2021-09-26)[2023-11-13]. http://www.qstheory.cn/yaowen/2021-09/26/c_1127903204.htm.

按照"2522"的整体框架进行布局,即夯实数字基础设施和数据资源体系"两大基础",推进数字技术与经济、政治、文化、社会、生态文明建设"五位一体"深度融合,强化数字技术创新体系和数字安全屏障"两大能力",优化数字化发展国内国际"两个环境"。[①]

国家网信办组织开展 2022 年数字中国发展评价工作,围绕数字中国建设"2522"整体框架,结合相关部门和机构数据,以及数字中国发展情况网络问卷调查结果,重点评估 31 个省(自治区、直辖市)在夯实基础、赋能全局、强化能力、优化环境以及组织保障等方面的进展成效。综合评价结果显示,浙江数字化综合发展水平位居全国第一。浙江省全力打造数字变革高地,高质量打造一体化智能化公共数据平台,以党政机关整体智治推动省域全方位变革、系统性重塑,积极探索开展平台经济监管"浙江模式",打造全球数字贸易中心,搭建高级别全球数字交流合作平台,以数字化改革驱动共同富裕先行和省域现代化先行。[②]

"加快建设数字浙江"到"加快建设数字中国"的重要论述总结提炼了数字浙江建设的实践经验及数字中国建设的启示,为数字浙江建设更好赋能"两个先行"、打造"重要窗口"、奋力谱写中国式现代化浙江篇章、加快建设数字中国提供了对策建议。[③]

聚焦数字中国战略的循迹溯源、数字浙江的探索实践等主题,本报告的实践篇将数字浙江的探索实践与数字中国的战略布局相结合,既充分体现浙江数字化改革"两年大变样"的重要实践场景,又总结提炼高质量推进数字中国建设的地方创新经验。本篇分为数字经济、数字政务、数字文化、数字社会、数字生态文明建设 5 章,共选取了 22 个典型实践案例。

---

① 新华社. 中共中央 国务院印发《数字中国建设整体布局规划》.(2023-02-27)[2023-11-13]. https://www.gov.cn/xinwen/2023/02/27/content_5743484.htm? eqid = f75d1ed60008b99000000000 003645b843d.

② 数字中国发展报告(2022 年).[2023-11-13].https://cif.mofcom.gov.cn/cif/html/.

③ 数字中国的浙江探索暨数字浙江建设 20 周年理论研讨会召开 为建设数字浙江和数字中国贡献智慧.(2023-09-14)[2023-11-13].https://www.zjskw.gov.cn/art/2023/9/14/art_1229711390_54223.html.

# 数字经济

发展数字经济是构建现代化经济体系的重要支撑,也是高质量建设数字中国的核心动力。发展数字经济,需要培育壮大数字经济核心产业,研究制定推动数字产业高质量发展的措施,打造具有国际竞争力的数字产业集群;需要推动数字技术和实体经济深度融合,在农业、工业、金融、教育、医疗、交通、能源等重点领域,加快数字技术创新应用;需要支持数字企业发展壮大,健全大中小企业融通创新工作机制,发挥"绿灯"投资案例引导作用,推动平台企业规范健康发展。[1]

2022 年,我国数字经济规模达 50.2 万亿元,总量稳居世界第二,同比名义增长 10.3%,占国内生产总值比重提升至 41.5%。数字产业规模稳步增长,数字技术和实体经济融合日益深化,新业态新模式不断涌现,数字企业加快推进技术、产品与服务创新能力提升,不断培育发展新动能。[2]

---

[1] 人民网.中共中央 国务院印发《数字中国建设整体布局规划》.(2023-02-27)[2023-11-13].http://politics.people.com.cn/n1/2023/0228/c1001-32632549.html.

[2] 数字中国发展报告(2022 年).[2023-11-13].https://cif.mofcom.gov.cn/cif/html/.

# 新产品研发服务构建企业科技创新应用场景

　　企业新产品研发服务应用,是浙江省科技创新重大应用重点打造的应用场景之一。该服务应用以"三为"为主题,以"新产品研发中台＋创新主体梯队"为定位,以 10 个数字闭环为路径,以"三张清单"迭代为依据,以"感知、集成、智能、精准"为特色打造一应用、十大子场景、N 个数源系统的"1＋10＋N"集成应用体系,形成了新产品研发数字化逻辑体系。

## 一、需求分析

　　围绕贯彻落实省委、省政府重大决策部署,宁波市以问题为导向,创新打造企业新产品研发服务应用,重点聚焦 5 个方面 10 项问题需求:一是聚焦"努力成为世界主要科学中心和创新高地"、推进经济高质量发展和实现共同富裕的重大部署;二是聚焦数字经济跑道打造全省数字化改革重大应用、推进科技企业倍增提质的共性刚需;三是聚焦企业在新产品研发过程中存在不敢投(市场风险)、不能投(专利风险)、不愿投(缺资金、缺人才、缺仪器)等难题;四是聚焦政府在企业研发服务上存在不够主动(等上门等上报)、不够集成(多部门分散)、不够精准(对象不适用)、不够高效(程序多、时间长)等问题;五是聚焦供需两端在服务资源、服务内容、服务对象、服务模式上耦合的新产品研发集成化、精准化、匹配化、智能化的重大共性需求等。该服务应用着力解决企业端和治理侧在新产品研发服务方面的供需问题、满足科技企业倍增提质的共性刚需,提升创新链、产业链、供应链、人才链、资金链等全链条精准融合水平,提升创新力、竞争力和社会活力。

# 二、建设思路及路径

## （一）建设思路

在数字经济系统浙企创新跑道，以新产品研发小切口撬动科技创新大场景，设计数字感知—数字告知—数字服务—数字审批—数字监管—数字验收—数字支付—数字推广—数字评价—数字画像的"10个数字"闭环场景架构，归纳新产品研发政务服务事项、创新要素、内外部数源系统与数据等资源首建物理集成，经过流程再造、机制重塑、大数据分析、AI算法等综合催化产生化学集成，构建"全系统感知、全要素协同、全周期服务、全链条融合、全场景智慧"的"5全"生态集成，对新产品研发跨层级、跨地域、跨系统、跨部门、跨业务的"5跨"事项进行"一网通办、一网通管"，实现省、市、县（市、区）、街道（镇）、企业的"5贯通"，提供"智能办"的全周期服务持续迭代升级和规范化体系化推进场景建设。

## （二）具体路径

一是推进数字感知子场景建设。从企业研究开发项目信息管理系统、浙江科技大脑、浙江省"三服务"小管家、宁波科技大脑等13个政府内部系统和阿里巴巴等其他社会外部资源获取数据，通过数据比对感知新产品研发敏感字段，获得企业新产品研发信息，厘清新产品研发企业和项目的底数，按照新产品研发企业行业、规模和类型标准进行智能分析，为全周期精准服务提供基础信息保障。

二是推进数字告知子场景建设。运用数字感知结果，形成15个创新要素服务告知清单，分别自动匹配推送给政府职责部门、企业、科研院所、中介服务机构等，使研发企业办事前置清晰，政府部门、科研院所等单位服务保障精准。

三是推进数字服务子场景建设。为研发企业提供技术、人才、成果、仪器、政策、资金、空间等"10找"相匹配的协同、高效、精准和智能服务。将关联服务事项集成,形成"政产学研用金"一体化,实现服务力量集成供给、创新资源充分配置,解决新产品研发"数据信息孤岛"问题。

四是推进数字审批子场景建设。系统设计企业办事联合申请表单,实现项目名称、项目地址、联系电话、法人代表、营业执照等要素内容最多报一次、事项一网联审联办,五跨事项实现数字审批,提升审批工作效率。

五是推进数字监管子场景建设。依托诚信体系、重塑业务流程,利用大数据分析对新产品研发项目进度、资金使用进行全过程在线监管,及时提供相关服务。财政、审计、监察等部门对项目资金在线监督,让政府资金为新产品研发的创造性活动服务,而不能让新产品研发的创造性活动为政府资金服务,提高财政资金使用效率。

六是推进数字验收子场景建设。企业提交验收申请,政府部门通过业务协同、数据匹配、智能分析等实施数字验收,简化验收流程,提高验收效率,实现项目验收、政策兑现一网通办。

七是推进数字支付子场景建设。通过数据精准匹配、简化资金拨付流程、集成支付等手段,让符合条件企业在"甬易办"兑现政策资金,让各类补助奖励资金一键智达、瞬间兑付。不走"甬易办"的国库收支单位直接在联合申请表单填写到账的资金账户,直接兑付到账户。

八是推进数字推广子场景建设。通过重点自主创新产品工业新产品试产、科技大市场等平台进行智能分析、匹配推广,促进创新链和产业链精准对接,加快科研成果从样品到产品再到商品的转化。

九是推进数字评价子场景建设。建立以新产品研发质量贡献、绩效为导向的分类评价体系,企业能够对政府提供的服务进行评价,系统智能分析所有评价结果,并把企业新产品的情况反馈给企业,不断提升政府服务及社会创新资源的使用效率,增强企业研发能力,从而实现闭环的良性迭代循环。

十是推进数字画像子场景建设。充分利用沉淀在系统中的数据,强化算力算法,对区域研发能力进行智慧分析,为政府部门制定政策提供决策参考,为企业成功研发新产品提供迭代、循环、高效、穿透式服务。

# 三、应 用 成 效

企业新产品研发服务应用围绕"世界主要科学中心和创新高地"战略目标,探索新产品研发规律,初步展现了通过新产品研发服务和治理推进科技企业倍增提质、高水平科技自立自强、高质量发展和实现共同富裕的理论逻辑、实践逻辑和成果逻辑。

## (一)场景应用成效

浙江省委改革办将此列入全省数字化改革重大应用"一本账 S0"和"一本账 S1"目录。浙江省经信厅将宁波市江北区列为全省数字经济系统省级应用项目示范试点单位并认定为第一批优秀地方特色应用,浙江省科技厅将此作为全省科技创新"揭榜挂帅"应用,由江北区先行试点建设,建立了新产品研发需求智能感知、能力智能画像、方向智能决策、政务智能服务、过程智能管理等"智"改革机制,从而对新产品研发所需的各项服务要素和结构态势进行准确的预判,促进供需间服务、资源等各类要素全覆盖、零距离、无缝化的精准对接和智能匹配。

一是建立新产品研发需求智能感知机制。利用政府系统及社会资源,主动、精准地感知企业研发活动标签,为每个企业研发建档,并分析其成长轨迹,创建企业全景镜像库,对企业类型、行业分布进行分析,实时捕捉、挖掘多维度、分散异构的数据,形成研发动因和需求分析库,同时,对区域创新资源进行感知,为政府后续开展创新资源发展及部署提供依据。截至 2022 年 12 月感知研发企业有 1851 家。

二是建立新产品研发能力智能画像机制。在智能感知的基础上,创新体制机制,创建企业画像算法模型,从研发投入、产出、影响力、开放度四个维度,打造企业"新产品研发指数研值体系",分析企业在同行业或同等类型企业中的水平、成长轨迹,形成一纵多横分析模型,智能划分区域内重点产业及重点企业,为提升区域创新指数提供依据。截至 2022 年 12 月,江北区有研发活动的企业研发指数平均值为 26.51,江北区规上企业研发指数平均值为 18.58,江北区高新技术企业研发指数平均值为 28.93,江北区科技型中小企业研发指数平均值为 42.83,单项冠军企业研发指数平均值为 42.72。

三是建立新产品研发方向智能决策机制。在画像基础上构建了产业聚集热力图,分析研发优势及弱势产业或功能园区的地理分布,为开展园区二次开发、企业招引及研发提升行动提供配置协同部门和力量的参考依据,为具体的产业构建产业雷达图,通过产业雷达图,政府部门可以清晰地看到区域内某产业链节点缺失及强弱情况,辅助政府产业链管理及政策布局在用户端构建企业产业链布局预判工具,研发方向及专利、论文分析研判工具,联合"研值"体系,自动生成研发决策报告分析企业的产业链定位及未来研发市场前景,构建以创新论英雄的辅助决策体系,助力企业研发比学赶超、产业园区"腾笼换鸟"及科技型企业倍增提质目标精准实施。截至 2022 年12 月,建立产业链 31 个。

四是建立新产品研发政务智能服务机制。系统利用企业标签,精准推送省市区 3 级 12 项创新要素服务,并提供企业自主获取功能和结构化精准服务功能,实时呈现精准服务和企业咨询总数。重点为企业提供"10 找"个性化服务,构建省市区 3 级人才库,系统优先匹配符合企业需求标签人才;设计查询匹配政策功能;构建专利技术库,提供技术对接服务;通过直播库可以查看直播课及发起直播;构建成果库,分析区域内成果分布情况,并为每个成果构建成果报告;通过空间库,为企业智能匹配合适的园区及厂房租赁;系统还集成浙里大仪共享(找仪器)、浙里贷(找资金)、技术交易大市场(找市场)等省级平台,为企业新产品研发在线提供个性化服务,通过大数据分析精准跟踪优化,实现高品质服务。截至 2022 年 12 月,已提供服务261 次。

五是建立新产品研发过程智能管理机制。对新产品研发十大类 45 个审批事项进行集成管理,通过数字审批、监管、验收、支付,达到流程再造、制度重塑,实现一次申报、一网通办、在线监管、一键支付,累计精简材料30%,压缩审批时间 50%。建立实时跟踪、智能提醒功能以及全程评价功能,跟踪政府服务管理,及时提醒各相关部门调整、改进服务管理方法,帮助提高服务管理水平和资源配置质量。截至 2022 年 12 月,有数字审批 88 项,数字监管 940 项,数字验收 106 项,数字支付 345 项。

### (二)理论制度成果

取得多项理论成果。开展"新产品研发全周期政务集成服务数字化改革的探索和实践"课题研究,为后续文件制定提供了理论依据。《新产品研发全周期政务集成服务"一件事"应用场景可行性研究报告暨建设方案》通过专家评审;先后研究制定了《浙江省新产品研发科技政务服务标准规范(试行)》《中共江北区委办公室江北区人民政府办公室关于加快区域创新发展的实施意见》《江北区关于加快区域创新发展的若干政策》,发布《江北区科技创新"十四五"规划》等多项制度。

## 四、改革突破

一是新产品研发相关政务服务由"部门分割、小而不精、程序复杂"转为"一次申报、一网通办、迭代升级"突破。二是政府服务企业新产品研发理念由"被动式、延迟型、片面类服务"向"主动式、预判型、全方位感知"突破。三是新产品研发路径引领由"分钱、分物、定项目"向"制定政策、创造环境、方向引领"突破。四是新产品研发创新资源配置由"分散低效、重复"向"集成、精准、智能"突破。五是新产品研发治理由"传统、单一、计划"向"高效、协同、体系"突破。

(供稿单位:宁波市江北区科学技术局)

# "经济调节 e 本账"助力浙江高质量发展

中共中央、国务院《关于新时代加快完善社会主义市场经济体制的意见》指出,强化经济监测预测预警能力,充分利用大数据、人工智能等新技术,建立重大风险识别和预警机制。对照要求,当前政府对宏观经济形势的感知能力还有待提升,辅助经济决策的手段还比较传统,存在信息量不够大、颗粒度不够细、时效性不够高等问题,容易导致"只见树木不见森林""知其然不知其所以然",难以适应复杂多变的环境。近年来,面对"两大变量"叠加"三重压力"的超预期变化,浙江在全国率先启动经济运行监测分析数字化平台建设,迭代开发"经济调节 e 本账"应用,创新开展"日跟踪、周调度、月画像"高频分析,着力推动"用数据说话、用数据管理、用数据决策",为统筹经济调节、推动高质量发展提供重要支撑。

## 一、坚持"一张蓝图绘到底",高质量构建数字化经济调节体系

一是高规格部署。2018 年,时任浙江省省长袁家军在省政府数字化转型专题会议上强调,把推进经济调节数字化列为数字政府建设重点任务之一,省政府发文明确将"建设统一经济运行监测分析数字化系统"列为 8 大重点工程之首,2022 年进一步明确"构建精准科学的数字化经济调节体系,实现数据看得清、研判算得准、隐患管得牢、趋势想得远"。二是系统性思维。一以贯之推动平台建设,将经济形势分析核心业务梳理成 GDP、三次产业、三大需求等 15 个模块和 542 项指标;各部门、各市县在此基础上结合实际补充特色指标,形成"15＋X"指标体系;围绕"三张清单"、流程再造和制度重塑,迭代升级"经济感知"等五大场景模块。三是一体化推进。2018

年 7 月,省发展和改革委牵头推进浙江省经济运行监测分析数字化平台项目,省经济信息中心等参与承担建设,同年 10 月正式上线并作经济形势汇报演示;2019 年 6 月上线移动端,9 月实现省市县三级贯通;2020 年上线复工复产等场景应用并持续迭代、推陈出新(见图 2)。

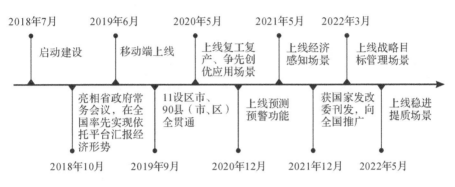

**图 2　浙江"经济调节 e 本账"建设历程**

## 二、聚力"三个转变",真正实现"用数据说话"

牢牢把握数字化改革的主题主线,坚持需求引领,认真梳理需求、场景和改革"三张清单"(见表 1 至表 3),聚焦上级部署、发展所需、群众所盼,努力实现"三个转变"。从"单一链条"向"闭环管控"转变。改变原先单一"经济监测"模式,将经济调节的触角由宏观延伸至中观、微观,形成"经济感知—预测预警—战略管理—成果运用—评价反馈"的全场景链条,实现经济调节的全闭环管理、系统性重塑。从"条抓"向共建共治共享转变。打破传统线下经济运行调度环节烦琐、流程链条长、反应时间长、精力消耗多的现状,坚持"一个平台、一个库、一朵云"的原则,横向上推动经济相关部门及企业纳入平台,纵向上实现省市县三级"线上＋线下"高效协同,基本实现"横向全协同、上下全打通、数据全共享"。从单一数源向多源大数据转变。通过开放应用、深度挖掘打造多源、融合、统一的数据基座,截至 2022 年底,已整合省市县三级指标 5868 项,归集高频指标 101 项、高频数据 500 万条,数据总量达 2.7 亿余条。

**表 1　需求清单(12 项)**

| 需求类型 | | 需求 |
|---|---|---|
| 聚焦上级重大部署 | 落实党中央和国务院重大部署、防范化解重大风险隐患(2 项) | 1.落实"完善宏观经济治理体制""进一步提高宏观经济治理能力"的要求<br>2.落实"要强化经济监测预测预警能力,充分利用大数据、人工智能等新技术,建立重大风险识别和预警机制"的要求 |
| | 落实省委、省政府决策部署(1 项) | 3.落实全省数字化改革新要求、迭代数字化转型的重要工作 |
| 聚焦重大需求 | 全省共性刚需(1 项) | 4.强化政企信息共享互通的需要 |
| | 群众高频需求(1 项) | 5.数据开放不够 |
| | 企业共性需求(3 项) | 6.畅通政府宏观经济形势研判传导渠道<br>7.企业反映困难问题的渠道不畅<br>8.企业对相关政策及细则不够了解 |
| 聚焦核心业务 | 推动治理体系和治理能力现代化(3 项) | 9.丰富数据产品种类<br>10.加强辅助决策<br>11.加强分析研判应用 |
| | 打造金名片提升竞争力(1 项) | 12.打造全国一流的"用数据说话、用数据决策、用数据管理"的应用大脑 |

**表 2　场景清单(20 个)**

| 一级场景 | 二级场景 |
|---|---|
| 经济感知 | 1.年对标 2.季分析 3.月画像 4.周监测 5.日跟踪 6.形势掌上看 7.政企形势通 |
| 预测预警 | 8.苗头捕捉 9.倾向识别 10.趋势研判 |
| 战略管理 | 11.目标选择 12.政策实验室 |
| 成果运用 | 13.政策输出 14.要素输出 15.稳进提质 16.工具输出 |
| 评价反馈 | 17.争先创优 18.综合晾晒 19.运行调度 20.企业四感 |

**表 3　改革清单(4 项)**

| 序号 | 改革事项 |
|---|---|
| 1 | 体制机制创新:将经济调节的触角由宏观延伸至微观、中观,实现对经济调节的全方位、全过程、全覆盖追踪监管 |
| 2 | 政策制度供给:通过政策模拟,由单一事后评价转变为"事前模拟—事后评价"的模式,提升政策的精准性 |

| 序号 | 改革事项 |
|---|---|
| 3 | 业务流程重塑：与国家电网、浙江银联、机场集团、海港集团、传化公路港等近 20 个部门、企业协同联动，为政府部门提供经济决策支撑，为企业提供行业形势参考，为公众提供信息服务 |
| 4 | 数据开放安全：汇集更为丰富的统计数据、互联网数据和政务数据，打造多源、融合、统一的数据基座 |

## 三、构建联动格局，真正实现"用数据管理"

2022 年，"经济调节 e 本账"已实现大屏端、PC 端、移动端"三端联动"格局（见图 3）。大屏端主要服务于经济形势分析汇报展示，通过一屏"把脉"经济，已连续多次亮相省政府常务会在线汇报经济形势，11 地市全面运用应用开展地方经济形势分析。PC 端主要服务于政府部门分析需求。移动端可一键查询省、市、县（市、区）三级相关经济数据，包括"形势看板""行情全览""行业动态""诉求直达"四个专题，进一步畅通政企沟通渠道，有效引导企业预期。截至 2022 年底，已有用户 2 万余个，其中 PC 端用户 1.6 万余个、移动端用户 4000 余个，年访问量 17 余万人次。

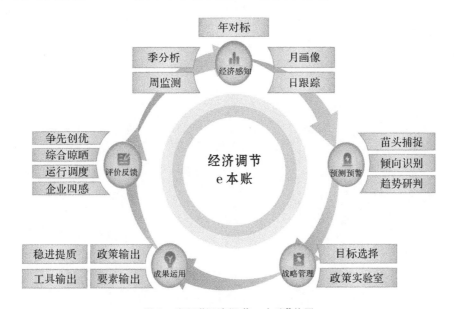

**图 3　浙江"经济调节 e 本账"首屏**

## 四、推出多元产品，真正实现"用数据决策"

一是以高频调度推动高质量发展。2022 年，分阶段开发上线监测、响应、预警、晾晒、提示五大功能，实现日、周、月快速响应，将问题点对点反馈给政府主要领导，力求"参在关键处、谋在正当时"。二是以指数模型指导企业复工复产。2020 年初，全国首创构建复工率和产能恢复率指数模型，分地区、分时段、分行业精准有序指导各地复工复产，规上工业企业产能恢复率走在全国前列。三是以平台晾晒助力经济率先回升。2020 年创建"一图一表一指数"，按月绘制经济运行综合评价五色图，公布各市、县（市、区）工业等报告，发布经济运行综合评价指数，营造比学赶超良好氛围，助力浙江省生产总值增速先由负转正。四是以调查研究推动经济高质量发展。针对经济运行的热点难点问题，依托平台，聚焦宏观、中观、微观三个层面，定期不定期开展专项调研分析，形成各类分析报告，相关成果获省部级以上领导多次批示，为服务科学决策提供有力支撑。

（供稿单位：浙江省经济信息中心、浙江省经济信息发展有限公司　王闻婷　周少骅　陈越）

# "企业码"应用建设涉企服务综合平台

企业码应用是全省数字经济系统重大应用之一,是深化"最多跑一次"改革、服务企业的重要平台,通过梳理三张清单和核心业务,明确顶层设计,聚焦企业需求,以"小切口、大场景"的改革突破法和打造"最佳应用"的要求,建设涉企服务综合平台,构建全天候、全方位、全覆盖、全流程服务企业的长效机制。

## 一、需求分析

2020年4月,在统筹推进新冠疫情防控和经济社会发展的特殊时期,习近平总书记考察浙江时对数字产业化、产业数字化推进政府治理现代化等工作作出重要指示[①],浙江省委、省政府借鉴健康码的成功经验,提出打造基于大数据的企业码。

从重大任务出发,企业码工作主要面临四大需求:一是政府服务角度,企业码是推进服务企业数字化的内在需要。需要汇聚公开和企业授权使用的数据资源,采集、丰富数据,实现应用场景多元化。二是企业需求角度,企业码是帮助企业纾困解难的举措需求。需要加强部门、企业、第三方机构间的联系和对接,打通多平台、多系统之间的数据断点,实现服务留痕现场指导、困难提交、受理办理、意见反馈和企业评价的工作闭环,提高服务效能,降低行政成本,增强企业获得感。三是服务生态角度,企业码是优化企业营商环境的必要需求。需要整合优质服务资源,提供企业成长全周期的一站式服务,完善服务体系,构建亲清政商关系。四是服务创新需要,企业码是

---

① 习近平在浙江考察时强调:统筹推进疫情防控和经济社会发展工作 奋力实现今年经济社会发展目标任务. 人民日报,2020-04-02(1).

深化"最多跑一次"改革的创新探索。需要快速形成数据中柜系统,贯通涉企数据供应链,实现多部门业务协同,畅通办事流程,丰富应用场景,真正实现快速"最多跑一次"。

## 二、建设思路及路径

### (一)建设思路

按照数字化改革一体化推进思路和平台贯通、应用贯通、数据贯通目标,将企业码建设作为争先创优、服务企业、破解企业发展难题的突破口,围绕政策直达、公共服务、产业链合作和政银企联动等环节,统筹推进全省企业码建设应用工作按照省里管规则、基层抓应用、省地联动开发应用场景的原则依托统一用户体系、统一数据接口、统一应用框架,建立以省级平台为中心,地市平台为特色专区的服务企业综合应用系统,将企业码打造成为数字经济综合应用门户企业侧移动端的主要入口和浙企服务跑道的重要应用。

### (二)建设路径

推动惠企政策场景建设。一是把控政策发布质量。建立动态巡检机制,晾晒各地、各部门政策发布情况,确保政策公开的准确性、时效性,截至2022 年 2 月累计集成惠企政策 15608 条。通过"人工智能＋人工辅助"方式,迭代升级政策推送算法,提升政策推送效果。二是开通政策直兑功能。开发基于企业码的政策直兑系统,打通直兑系统与财政国库支付系统连接。同时,打通企业码与各市已建政策兑现系统通道,建立全省统一入口的惠企政策平台,初步实现惠企政策从一网可查向一网可办转变。三是推进惠企政策全流程试点建设。在嘉兴市、平湖市开展惠企政策全流程试点示范,探索政策推演、发布、推荐、兑现、监管、评估的全流程在线,四是开发上线一指减负应用。截至 2022 年 5 月 8 日,汇集省级 20 多个部门 40 余条减负政策和数据,实现企业减负政策的一指查询、一指评估和一指办理。

推动企业诉求场景建设。依托与省信访局、省委督查室杭州海关的横向工作协同机制和省市县三级纵向工作联动机制,建立以企业码为枢纽的诉求办理系统,形成诉求快速提交,后台及时受理、部门限时答复、企业满意度评价的工作闭环。截至 2021 年底,企业码日均受理企业诉求 260 多件,平均每件处理时间 0.98 天,办结率达 99.8%。

推动服务生态场景建设。一是整合优质服务资源,制定企业码入驻服务机构管理办法,建立省市联动审批管理机制,遴选一批专业过硬、服务优质、信誉良好的社会服务机构和应用产品上平台,推动服务活动对接在线化,截至 2021 年底,累计认证上线服务机构 15816 家,发布服务产品 31326 个,接入银行金融机构 163 家。二是开通服务活动中心。汇集全省企业公共服务活动,建立企业码为统一入口、服务活动规范开展的服务机制,实现全省码上服务活动一张表排单、一个码签到、一套标准评价的服务企业工作闭环,截至 2021 年底,全省累计开展 5405 场线下服务活动,有 30.2 万人次参加。三是开通企业码直播间。高标准建设企业码直播间,组建运营团队。建立覆盖全省的企业码直播系统,整合全省各地直播活动,围绕企业关切,提供政策解读、热点分析、项目申报辅导、培训授课、企业家经验分享等公益直播服务活动,截至 2021 年底,全省累计开展和发布直播活动 831 场、509.5 万人次观看。

推动创新互动场景建设。一是积极打造政企互动场景。将企业码扫码作为各地开展"三服务"工作的重要支撑,全省各地数万名驻企服务员通过企业码服务企业,实现机关干部现场走访企业、扫码了解企业、帮助企业解决问题等全流程在线留痕,截至 2021 年底,累计记录各级机关干部走访企业 251.2 万次。二是探索打造银企互动场景,开发企业码授权功能,数字化赋能银行业务办理,实现法人办理银行征信、柜面等业务的远程授权。截至 2021 年底,杭州联合银行 137 个网点开展企业征信业务和柜面业务授权应用试点,累计授权 3000 余次,单笔业务完成时间最快可缩短至 2 分钟。三是鼓励企业互动用码。完善企业数字名片,丰富企业画像,推动企业相互扫码了解信息,促进商事合作。

# 三、应用成效

围绕企业重大共性需求，加快企业码功能开发和应用帮助企业纾困解难，加快服务能力提升。国务院 2020 年全国减轻企业负担和促进中小企业发展领导小组、工信部都将企业码作为督查发现的地方典型经验做法在全国宣传推广，受邀在 2021 年中博会中小企业数字化转型论坛作"企业码——数字化驱动创新服务企业模式"案例分享，并获得央视《新闻联播》、央广网、新华网、环球网、《浙江日报》等主流媒体报道。

## （一）场景应用成果

截至 2021 年底，企业码综合集成 54 个省级部门、542 项企业公共信息数据，建立覆盖全省全部市县的企业码地方专区 114 个，集成 1124 个服务事项，全省累计 267.9 万家市场主体领码，访问量超过 2 亿次，17.8 万件企业诉求"码"上解决，各地联互通码上兑现政策资金 275 亿元，已上线减负降本政策为企业减负 2700 多亿元。

## （二）制度成果

制定出台《浙江省人民政府办公厅关于加快"企业码"建设和应用构建全天候全方位全覆盖全流程服务企业长效机制的意见》（浙政办发〔2020〕83号）。标准化企业码应用使用规范，草拟《企业码使用规则》团体标准。不断完善服务体系，提升企业服务数字化精细化水平，发布《浙江省企业码平台考评办法（试行）》《浙江省企业码平台（企业服务综合平台）入驻服务机构管理办法（试行）》等规范办法文件。

# 四、改革突破

一是打造一站式服务平台。集聚服务资源、重塑服务流程、优化服务质量、创新服务应用，破解企业找服务难、政府服务企业难的难题。通过移动端一站式服务,提升企业的获得感,实现服务企业由多头离散到综合集成、单打独斗到多跨协同、线上服务到线上线下融合的改革突破。

二是完善企业全生命周期服务体系。从高频事项入手,找准企业成长和服务的痛点难点,将关键环节与重点场景紧密贴合,建立企业画像,通过线上化和数据化提高服务效能,构建企业服务长效机制。

三是促进数据流动共享。打造数字经济综合应用门户企业侧移动端的主要入口,赋能数字经济系统各类应用,链接产业数据仓,推进跨部门数据归集和互联互通,同时积极与场景协同单位对接交流,推动省市县场景应用全面贯通。

（供稿单位:浙江省中小企业服务中心）

# 乡村物流智达通推动农村流通现代化

乡村物流是指以农村为发货地或接收地的物品流动过程,加快发展农村物流,进一步便利农产品出村进城、消费品下乡进村,是推进乡村振兴,增加村民收入,释放农村内需潜力的重要举措。

近年来,国家愈发重视农村物流的建设,2022 年中央一号文件《中共中央 国务院关于做好 2022 年全面推进乡村振兴重点工作的意见》中明确指出,要加快农村物流快递网点布局,实施"快递进村"工程,鼓励发展"一点多能"的村级寄递物流综合服务点,推进县乡村物流共同配送。2021 年,浙江省邮政管理局联合发改委、交通运输厅、农业农村厅等三部门也制定印发《关于推进浙江省乡村物流补短板强弱项工作的意见》,要求初步建成与农村居民美好生活相匹配、与农业农村现代化发展相匹配、与现代流通体系相匹配的乡村物流体系。

## 一、建 设 背 景

浙江是快递业"两进一出"工程全国试点省份。乡村物流作为农村资源要素整合的黏合剂,对推动农村流通现代化具有重要的意义。

龙游县,位于浙江省西部,辖 6 镇 7 乡 2 街道 263 个行政村,2020 年第七次全国人口普查数据显示,龙游县乡村人口占比 48.42%,约 17.4 万人。2021 年以前,"四通一达"等主流快递公司承包区只覆盖 10 个乡镇,且绝大部分在集镇所在地,不配送到村,快递进村率只有不到 10%。

一方面,缩小地区差距,要求农村物流更加快捷、高效,这有利于城乡融合发展;另一方面,农村物流的发展是推动共同富裕的"加速器",构建农产品出村进城、工业品下乡物流配送一体化服务体系,对于实现乡村振兴具有重要意义。在数字化时代,打通政府、快递物流企业、乡村百姓之间的数据壁垒,以数字化推动农村物流配送服务在线化、可查询、可分析、可监管,破解乡村振兴关键的"最后一百米"具有重要意义。

## 二、存在的问题

1. 从消费者角度:受路线长、快递量小、成本高的制约,快递物流企业进农村往往"浅尝辄止",只配送到乡镇物流站点,末端农村的物流服务难以延伸,无法满足村民们通过线上购物来实现消费升级、改善物质生活条件、追求更加美好生活的需要,甚至变相地降低了村民线上购物的需求。

2. 从企业角度:农产品企业亟须通过新的便捷、低廉的物流体系,把优质产品输送到城市;城区商贸企业需要通过城乡物流体系将工业产品运输到村,降低自身物流配送成本。

3. 从快递物流企业角度:快递物流行业普遍认为农村快递将会是新的行业增长点,乡村物流是一片未来将要探索的"蓝海",前景广阔,但如何解决路线长、快递量小、成本高的问题成为困扰企业的一大难点。

4. 从居民的角度:农村生活中产生的再生资源难以进行利用,村级回收服务不便,不少村民囤积废纸、金属、泡沫等可回收物,亟须建立农村再生资源的上行体系,避免可回收再生资源浪费。

## 三、应用概况

应用聚焦快递进村、农产品上行、商贸产品下行、低碳农邮、驾驶舱等多个场景,对农产品进城市、消费品进农村等所有进出货物,实现一网打通,统一收集、统一分发、统一配送,主要包括以下 5 个方面:

1. 快递进村"一点即查":打通共配中心、站点、智能快递柜等各个环节的数据共享,实时上传全县 153 个农村物流服务站、80 组智能快递柜收寄件情况、配送货车 GPS 定位等信息,消费者可随时通过智达通查询货物轨迹、预估车辆到达时间,提交寄送需求,还可以一键联系客服,居民查询物流疑难件时,数据驾驶舱自动匹配对应的客服处理问题(见图 4)。

**图 4    乡村物流智达通手机端页面**

2.农产品上行"一路畅通":2021 年,农产品寄件价格通过统收统寄的形式实现降低龙游农产品寄件费用 40%,如江浙沪首重加续重由原来的 8元＋2 元降低为 5 元＋1 元,已低于城区寄件价格,助推新增本地农村电商经营主体 300 多个、农产品电商店铺 400 多家,龙游的农产品,在家门口就可以发送到天南海北的消费者手中,农产品销售渠道大大畅通,村民增收致富奔小康更有底气。

3.商贸产品下行"一键配送":在搭建乡村物流配送体系框架的基础上,与城区多家商户进行合作,对酒水、饮料、日用百货等快消产品进行配送,进一步降低了城区商贸企业的物流成本。

4.低碳农邮"一步到位":围绕低碳物流配送体系建设,一方面,通过统建共享的模式,采用新能源车开展低碳配送,降低物流行业能耗,打造快递物流低碳标杆;另一方面,建设农村资源回收再利用体系,定时定点对农村的再生资源进行回收,避免资源浪费。

5.运行数据"一览无余":在乡村物流智达通驾驶舱,实现所有信息数据统一汇总、智能监管、多跨应用,企业也方便在后台进行监管,及时发现问题,并对问题进行统计分析,便于优化对以后类似问题的处理方式。政府既可监管农村物流服务站点、快递柜运营情况,又能对村民线上消费品趋势进行分析,掌握农产品上行情况,作为指导产业结构调整的决策依据。

## 四、创新做法

按照"政府主导、企业实施、市场运作、合作共赢"的原则,落实县—村二级直投物流节点建设,在县一级建设乡村物流共配中心,整合全县"四通一达"等快递企业,将农村件送至物流共配中心进行统一分拣后配送。项目投入7辆车辆,划分4条县域农村线路,配送范围覆盖13个乡镇,基本覆盖263个行政村,全年无休进行配送。

一是政府搭台,企业实施。围绕促进共同富裕目标,聚焦快递进农村"最后一百米",针对各快递公司因为末端农村路线长、件量少、成本高等原因不愿意配送到村的包裹,政府兜底配送。由龙游县经信局主导,成立乡村物流共配中心,结合国家电子商务进农村综合示范项目,通过购买服务的形式,确定一家市场化企业负责乡村物流共配中心的运营。经信局负责配送车辆、分拣设备等硬件设施的投入,企业承担共配中心的运营成本(见图5)。

二是实地调研,精准选址。前期经过3个月的实地调研,选择153个人流量大,能保证营业时间的乡村小店作为村一级共配服务站点,制作统一的门头和标识,并将配送制度、农产品寄件价格等上墙公示。同时在全县科学规划4条配送线路,保证每天一次的配送频率,配送范围覆盖龙游县所有行政村。2020年11月,成功统筹县内"四通一达"、邮政、德邦等18家物流企业,由县直投到村。

**图 5　乡村物流共配中心**

三是市场化运作,保障运行。据交通、人口分布等实际情况,合理规划物流站点布局,各站点均采用统一门牌标识、统一技术培训、统一功能配置的运营模式。各快递公司给予配送企业一定的配送费用以支撑日常运营,配送企业对于物流站点保管的包裹按个计酬,同时整合资源、分摊成本,积极拓展农村电商、便民金融、移动通信服务等增值业务,促进站长增收,保证站点的自持运营,提升物流站点存续能力。

四是数字化赋能,优化服务。打造将快递物流信息由县延伸到村的"乡村物流智达通"应用。通过浙里办、龙游通 APP 或微信小程序,村民可在乡村物流智达通系统上查件寄件,咨询快递售后服务等;商贸企业可在线提交产品配送需求订单并自动匹配揽件员;通过数据驾驶舱,政府部门可实时监管各个农村物流服务站点、智能快递柜的运营情况,了解配送揽件数据等,有效提高监管质量与服务能力。

## 五、发展成效

一是推动消费升级,畅通国内大循环。以村级物流服务站作为村级快递收发点,2021年新建153个村级物流服务站点,配送频率一日一次,全县快递进村业务覆盖率从2020年的10％提升至2021年的100％,月均投递进村包裹150000票(不包括城中村和集镇中心村),同比增长833％,为农村百姓解决了快递进村的"最后一百米"问题。同时,不断在原有电商快递业务基础上,增加搭载农产品上行、商贸产品配送、废旧物品回收等服务(见图6)。

**图6 各乡村物流村级站点**

二是带动农民增收,助力乡村振兴。通过资源整合,有效衔接农户与市场,促进农产品供需两旺,2021年实现降低龙游农产品寄件费用40％,日均农产品上行包裹达600个以上,同比增长600％,有效推动了乡村特色产业发展,激活了乡村市场主体。据统计,自龙游县实现快递进村业务全覆盖以来,2021年全县农产品网络零售额达10.5亿元,同比增长61.5％,有效推动了乡村特色产业发展,激活了乡村市场主体。

三是实现智能治理,打造共富场景。积极打造全国首创的由县直投进村的二级电商物流共配网络,减少乡镇短驳的成本,配送效率更高,运营成本更低。"四通一达"等主流快递公司及菜鸟裹裹系统的物流信息只能到县区一级或乡镇级站点,龙游县围绕便民服务、资源整合两个方面,打造"乡村物流智达通"系统,成为全国首个将快递物流信息由县一级延伸到村的数字化应用场景。通过加快二级物流配送体系数字化升级,建立中端和终端多层次服务网点,实现共享分拣、集中配送、联收联投,打通城乡货运邮路,将快递配送、快递揽收、同城配送、商贸流通与相关数字化应用场景结合,努力构建数据驱动、业务集成、柔性管理的农村电商物流供应链新模式,不仅优化了物流行业管理,对提升交通治理、促进农业发展、缩小城乡差距、推动共同富裕也具有积极作用(见图 7)。

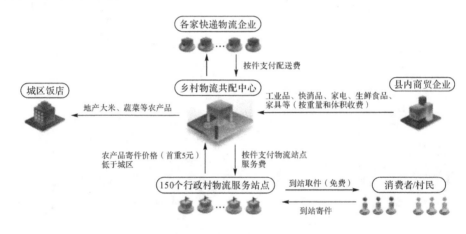

图 7 城乡商贸体系改革业务流

## 六、经验启示

一是农村快递将会是新的快递物流行业增长点。乡村物流是一片"蓝海",前景广阔,在龙游县建立数字化共配物流体系后,2021 年乡村快递数量从原来的每天 150 个左右飙升至每天 5000 个左右,有 3 万多农村居民年快递量共 200 万次,而其他未建立数字化共配物流的县(市、区),其村民的需求无法满足,是一个个有待开拓的市场。

二是整合各家快递公司能有效破解农村物流难题。乡村物流单独成本高的问题对于各个快递公司来说无法解决,在市场化运营无法解决农村快递

"进镇不下村"的情况下,就由政府这只"看得见的手"进行调节,整合各个快递公司对乡村物流进行统一配送,对各个乡村物流站点进行统建共享,成效显著。

三是农村物流体系建设是推进共同富裕示范区建设的重要举措。由原来的"村村通公路、村村通公交"再升级为"村村通物流",大大推进龙游县农村的现代化进程,紧密了城乡的联系。下一步龙游县将充分利用好农村站点,迭代升级乡村物流智达通应用,集成网上超市、再生资源回收利用、来料加工等场景功能,有力推进城乡共同富裕建设。

（供稿单位：龙游县经济和信息化局）

# 数字政务

  发展数字政务是推进国家治理体系和治理能力现代化的重要任务,数字中国建设要求发展高效协同的数字政务。加快制度规则创新,完善与数字政务建设相适应的规章制度。强化数字化能力建设,促进信息系统网络互联互通、数据按需共享、业务高效协同。提升数字化服务水平,加快推进"一件事一次办",推进线上线下融合,加强和规范政务移动互联网应用程序管理。①

  2022年,我国数字政务加快向线上线下相协同、标准规范更统一的方向发展,"一网通办""跨省通办"服务体系持续优化,有力提升企业和群众的满意度、获得感。政务新媒体已成为政民互动重要渠道。②

---

  ① 人民网.中共中央 国务院印发《数字中国建设整体布局规划》.(2023-02-27)[2023-02-28] http://politics.people.com.cn/n1/2023/0228/c1001-32632549.html.

  ② 数字中国发展报告(2022年).(2023-04)[2023-04].https://cif.mofcom.gov.cn/cif/html/upload/20230524092441031_％E6％95％B0％E5％AD％97％E4％B8％AD％E5％9B％BD％E5％8F％91％E5％B1％95％E6％8A％A5％E5％91％8A％EF％BC％882022％E5％B9％B4％EF％BC％89.pdf.

# "全球二维码迁移计划"示范区推进市场监管现代化

物品编码作为万物互联的重要载体,是商品的全球唯一"身份证"和国际"通行证"。2020年底,国际物品编码组织(Globe Standard 1, GS1)发起实施全球二维码迁移计划(Global Migration to 2D,简称GM2D),推动全球商品换发"二代身份证",是全球商品市场深化数字化变革的一项重要举措,对全球商品流通、国际规则制定、新兴商业形态产生深远影响。2022年5月19日,浙江省市场监督管理局与国际物品编码组织(GS1)、中国物品编码中心签署三方联合声明,在浙江建设全球首个GM2D示范区,推动在全球率先完成生产、流通、仓储、消费各环节全面运用二维码进行供应链管理,着力推进重塑物品编码治理体系,赋能产业链供应链升级,增进国际规则互联互通,促进贸易便利化。

围绕数字化改革的总体部署与要求,GM2D示范区建设更进一步明确立足全球原点和首创原创定位,深化规则创新、技术创新、治理创新、模式创新,聚力做好"规则研究、技术攻关、机制保障、数字赋能、多方发动"五篇文章,一体建设全球规则原点、数据枢纽、变革高地、产业蓝海,积极探索打造全球数字变革高地的浙江实践。

## 一、高点定位、系统谋划,搭建示范区全局性"四梁八柱"

示范区建设立足浙江、放眼全球,以"二维码"为小切口深度融入全省创新深化、改革攻坚、开放提升大场景,系统构建示范区建设目标体系、工作体系、制度体系、评价体系"四大体系",坚持全省"一张图""一本账"。一是绘制示范区建设立体化蓝图。贯彻"全域、全类、全量、全新、全力"工作理念,创新构建"1365"示范区建设总体框架(见图8),开发1个数据库和公共服务平台,确立标准规则制定、关键技术研究、深度创新应用三个维度,打通识码、编码、派码、赋码、用码、管码六大环节业务逻辑和技术路径;建立健全部门多跨协同、技术专家支撑、标准优先审查、基层落地贯通、典型案例推广五大机制。发布实施 3 年期分步走实施方案,以具体的"作战图""时间表"稳步推进示范区各项工作。二是建立实战实效一体化工作体系。成立省市县三级联动工作专班体系,坚持一把手亲自抓,合理配置专班各小组力量,形成"各司其职、各有侧重、层次清晰、上下贯通"的工作组织体系,坚持落实周例会月分析季复盘的工作机制,以实质性组织保障、政策支持护航示范区建设。三是建设"全域＋特色"试点体系。坚持全域推广与特色试点、分类指导与精准培育并重,以定期会商、观察名单和特色创新等工作机制打破区域壁垒、行业壁垒,联动推进 1 个全域试点＋20 个特色试点建设,成功推动"订单码"创新应用、特色行业"一物一码"应用、大型商超二维码收银结算改造,打造形成"一业一特色""一县一品"等试点模式,形成一批可复制可推广的案例。四是强化高层次多方位技术支撑。在国际物品编码组织(GS1)、中国物品编码中心的指导下,坚持以专业化、国际化的视角推进示范区建设,邀请浙江大学、中国标准化研究院、阿里云等二维码产业链相关高校、科研机构、重点企业、技术组织等专家学者为示范区建设专家顾问,系统搭建覆盖标准化、关键技术、知识产权、产业应用等领域技术支撑团队,以全面、专业、高水平的技术支撑资源推动示范区建设引领发展。

**图 8　"1365"示范区建设总体框架**

## 二、规则引领、首创原创，打造示范区基础性"话语体系"

坚持规则原创首创定位，聚焦"规则创新"主题主线，以深度参与全球数字规则制定为目标，强化规则原创研究，系统构建接轨国际的二维码统一数字规则体系。一是建立统一规则标准体系。全面梳理物品编码相关国际国内技术标准和技术规范 439 项，全面解构"浙食链""浙品码""浙农码"等二维码应用，形成术语定义、编码规则、关键技术、数据载体等标准层级，系统构建国际接轨、浙江特色的标准体系建设指南。开展编码规则创新提升行动，瞄准国际规则空白，建立标准需求清单。二是首创原创国际化规则。聚焦示范区建设创新实践和产业应用需求，研究形成批次码、单品码、位置码、箱码、订单码等应用规则 11 项，全面应用于生产、流通、消费各环节，并持续优化改进。相关成果形成《商品条码服务关系编码与条码表示》等国家标准 3 项、全国性团体标准 3 项、省级地方标准 4 项，提交《二维码零售结算技术规范》国际标准提案，有效填补示范区建设物品编码数字规则空白。三是完善统一规则制度基础。以制度化建设强化统一规则应用实施，不断健全物品编码迁移制度改革法治基础，推进修订《浙江省商品条码管理办法》，制定《浙江省食品安全信息追溯管理办法》《浙江省强制检定计量器具 GM2D 赋码实施细则》等配套文件。引导各地各行业加强规则应用，如浙江南浔将"引导湖笔生产经营者参与全球二维码迁移计划"等内容写入出台《湖笔保护和发展条例》，推动统一规则在特色产业落地应用。

## 三、技术驱动、攻坚克难，打造示范区创新性"产业之基"

坚定创新驱动、技术先行理念，发扬浙江在物品编码、印刷技术领域先行、规模优势，加快二维码关键技术攻关，打造新的产业蓝海。一是加强关键技术攻坚。实施关键技术工艺攻坚行动，对标全球先进赋码技术、全产业链用码解决方案、创新性用码体验技术，系统布局关键技术、工艺、方法、装备研究突破，成功攻克"一物一码"喷码、二维码离线结算、"一物一码"后关联等技术,加快推进在线赋码、数字包装一体化、包装个性化定制、正反面赋码双重防伪等技术迭代创新,以先进技术攻关推动二维码产业转型升级。二是加快推进产业化应用。大力推进激光烧刻、UV 喷码、TTO 转印、胶转印、indigo 数字印刷等新型赋码工艺,二维码赋码装备、产线分道设备、产线实时视觉识别采集等新设备产业化应用并向工业规模转化,同步推进二维码及周边产业转型升级,2022 年已推进 10000 家以上企业完成生产线改造。三是注重知识产权保护。加强新型赋码技术、底层算法等知识产权保护和成果转化工作,引导科研机构、企业将相关技术研发成果提炼总结形成专利、论文、软著等知识产权成果,截至 2022 年 11 月,累计申请各类专利 35 项,其中 5 项发明专利已获授权登记,3 项国际发明专利通过 PCT 初审,20 余篇论文发表在核心期刊,产业核心竞争力不断提升。

## 四、数字赋能、集成贯通,打造示范区国际性"核心引擎"

深入应用系统、集成、协同、闭环数字化思维,开发上线统一物品编码数据库和公共服务平台"GM2D 在线",以数字化赋能实现"一码知全貌、一码管终身、一码行天下"。一是一"码"贯通集成。以"码"为纽带,贯穿生产、仓储、流通、消费、监管全链条二维码相关数据,综合集成数据清单、要素矩阵、规则体系、应用场景,打通政府侧、社会侧、企业侧、个人侧"四侧",2022 年数字化应用 186 个,联通归集最小数据单元 10 余亿项,实时映射示范区建设全貌。二是打造"1146"数字化场景。系统构建"一库、一图、四清单、六场景"数字化场景,"一库"全量实时自动归集获码主体、赋码产品、用码次数等各类数据;"一图"展示全球、全国、浙江及其各市县商品赋码、扫码、用码的轨迹以及贸易流向,实现产业链供应链的可看、可查、可研、可判;2022 年,"四清单"分类梳理归集规则、技术、工艺、专利动态清单 732 项,掌握最新技术动态;"六场景"深度构建"准确识码、科学编码、规范派码、分类赋码、畅达用码、依法管码"六大场景及 125 个细分子场景,支撑示范区企业领码、产品赋码、市场用码、行业监管等各领域各层级各主体应用及新型模式业态创新。三是满足多元主体需求。开发监管端、企业端、社会端、管理端专题板块,全面集成分析、服务、执行、监督和评价功能体系,满足不同应用主体的使用需求。打造企业个性化 UI 界面,鼓励企业自行加载企业信用、品牌介绍、产品说明、质量抽检、消费提示等个性化内容,丰富企业和产品画像,提高消费体验。面向全球用户,开发英文、法文、日文、韩文、俄文、葡萄牙文等6 种外语版本,以国际化的平台赋能浙江 GM2D 经验走出去。

## 五、注重实效、勇于创新,建设示范区实效性"码上生态"

全方位变革二维码应用体系,加快推动经济社会领域流程再造、功能重塑、业态重构,在全球率先建成具有示范意义的"码上生态"体系。一是打造"GM2D＋"应用场景。探索构建"GM2D＋大型平台""GM2D＋供应链""GM2D＋区域品牌"等一系列新模式新业态。如,政采云平台应用 GM2D二维码,2022 年实现 300 类上架商品上云、采购、验货管理"一码贯通";古越龙山供应链实现生产、仓储、物流、销售全链条"一码贯通",流通环节单次流转时间由原来平均 10 分钟提速到 0.3 秒,节约管理时间月均约 130 小时。二是打造"一码通办"新场景。开发聚合码应用功能,加快破解"万码奔腾"问题,打造"一码溯源""一码集采""一码维权""一码结算""失效阻断"等用码管码新模式。如,天猫超市自有品牌"喵满分"成功运用"GM2D 网购平台码"实现食品从农田到餐桌全生命周期的"无感"追溯管理,为 3 亿多消费者提供信息查询、消费评价等"有感"体验。三是赋能贸易便利化。聚焦中国(浙江)自由贸易试验区建设,联动亚运会、数贸会等大型活动,推动贸易壁垒风险通报、商品召回预警等功能集成,降低商品流通交易成本、提升国际物流通达能力。如,北仑区率先开发上线进出口商品 GM2D 驾驶舱,2022 年已帮助 292 类进口商品实现"一物一码"赋码 1672.8 万个;记录美国、荷兰、越南、澳大利亚等 113 个国家扫码用码数据 3.6 万条。

## 六、下一步工作计划

下一步 GM2D 示范区建设将进一步深化数字赋能,聚焦聚力三个"一号工程"，坚持"全球原点、首创原创"定位，突出全局性、国际性、引领性导向，紧扣"扩域、拓面，提质、增效，丰富、优化，提炼、推广"八个关键词，深入实施物品编码迁移制度改革，高质量建设示范区，加快数字规则重塑、产业链供应链升级、国际贸易便利化，以示范区建设撬动产业转型升级、数字政府治理、全球规则制胜。

### （一）聚力重大方向

聚焦数字经济创新提质的"一号工程"，推进智能集成改造，重构 GM2D 系统架构体系，贯通并激活工信、农业农村、商务、海洋渔业等编码数据，集聚放大二维码数据平台数据资源优势；赋能平台企业治理，加强与政采云、天猫等平台企业对接，开发平台企业全链赋码用码解决方案。聚焦营商环境优化提升的"一号工程"，推进物品编码"一件事"改革，强化六大环节贯通，持续优化识码、编码、派码、赋码、用码、管码业务逻辑和流程，提升服务效能；应用统一物品编码规则，健全数字规则基础，激活"四侧"数据要素，促进产业链供应链各领域各环节高效协同。聚焦"地瓜经济"提能升级的"一号工程"，加强规则制度的开放，加强与国际物品编码组织对接，建立双向沟通机制，深入接轨国际物品编码规则，输送原创首创规则成果；推进国际扫码用码互联互通和数据的可信交换，建设出口产品特色专区，提升全球消费者对浙产产品认可度，助推浙系产品"走出去"；构建一般贸易、跨境电商赋码用码业务场景，集成通关查验、贸易壁垒风险通报、商品召回预警等功能，提升国际物流通达能力。

### （二）合力重要区域

打造示范区重要支点，打造宁波进出口商品赋码用码能级城市、衢州商超结算标杆城市、苍南赋码用码全链应用生态城市、德清赋码技术应用示范城市，打开 GM2D 示范区空间新布局。做强县域特色试点，围绕 20 个试点县（市、区），加快推进规则应用、技术攻关、模式创新，形成一批可复制可推广的案例。构建省外赋码重点，推动中国物品编码中心建立全国二维码产业联盟，促进全国企业生产、流通环节首站赋码，加快形成全国一体推进的良好局面。

### （三）发力重点领域

服务"十大工程"建设。重点围绕"415X"先进制造业集群培育工程、服务业高质量发展"百千万"工程等,发挥GM2D在产业链、供应链、创新链中的信息媒介、全程追溯、数据贯通作用。赋能贸易便利化。聚焦中国(浙江)自由贸易试验区建设,探索"GM2D+自贸区"赋能模式,优化一般贸易、跨境电商业务场景,推动集成通关查验、贸易壁垒风险通报、商品召回预警等功能,降低商品流通交易成本,以"码"助推贸易便利化。赋能区域品牌建设。围绕打造区域公共品牌,探索"GM2D+区域品牌"赋能模式,推动温岭泵与电机、嵊州领带、永康五金、缙云锯床等块状产业,茶叶、丝绸、黄酒、青瓷等地理标志产品率先开展GM2D赋码应用。

### （四）致力重量成果

在国际合作上,加强与国际物品编码组织沟通协作,做好GS1来访接待,争取搭建国际化交流协作平台,推进全球领域物品编码规则协同、规则互认。在规则先行上,瞄准国际、国内规则空白,加快标准规则的原创首创,制定商品二维码数据元、二维码解析等标准规范。在产业赋能上,加快新技术新工艺产业化应用,发挥"GM2D+"作用,为自贸试验区建设、平台企业治理提供二维码赋能方案。在数字枢纽上,进一步迭代升级"GM2D在线",加快全量数据归集贯通,强化数据分类分级、授权开放闭环管理,迭代多语种版本,建设国际化数据枢纽。在优质体验上,进一步升级企业专区,优化企业的UI界面,提升企业应用的满意度;以电动汽车充电桩产品为试点,打造一批老百姓愿用爱用的民生场景。

（供稿单位:浙江省标准化研究院）

# "民呼必应"应用完善基层多跨协同治理体系

2021 年初,全省数字化改革大会后,按照习近平总书记提出的"民有所呼、我有所应,民有所呼、我有所为"重要指示①,根据省市区委数字化改革工作部署,富阳区委组织部牵头,以数字化改革为牵引、以机制创新为动力,构建党建统领、整体智治、民呼必应基层治理体系,开发建设"民呼必应"应用场景,2021 年 10 月,应用场景完成全区面上推广,在"1.26 杭州疫情"等大战大考中发挥了精密智控、精准服务积极作用。截至 2022 年 4 月 28 日,场景已覆盖村社居民 60.9 万余人,移动端普及率达 83.5%(全区 15 至 59 周岁常住人口约 55.5 万人,60 周岁以上常住人口约 20.1 万人),累计办理群众需求 18.1 万余件,日均办件量约 700 件,日活用户 2.1 万余人次。从基层实际看,基层党组织普遍面临群众日益增长的美好生活需要和实际可调用资源力量间不平衡的问题,富阳着力将街道大工委、社区大党委等党建统领基层治理系列做法融为一体,凝聚政府、市场、社会多元合力推动"民呼必应"。实践证明,治理有助于实现"舒心、省心、暖心、安心、放心"的幸福共同体。在实行物业"党建＋服务"考评机制后,富阳小区物业办理群众需求的质效明显提升,2022 年全区物业类网信信访量同比下降约 32%,物业费平均收缴率由 2021 年的 81%提升至 2022 年的 93%以上。群众对"民呼必应"整体满意度在去除系统默认评价后为 4.67 分(满分 5 分)。

---

① 民呼我为　用心用情.浙江日报,2021-07-01(15).

# 一、改革需求分析

## (一)贯彻落实为民服务初心使命的需要

区委组织部牢记"民有所呼,我有所应;民有所呼,我有所为"的嘱托和为人民服务的初心使命,坚持"百姓的事再小也是大事"的工作理念,把提高群众获得感、幸福感、安全感、认同度作为推进工作的出发点和落脚点。

## (二)一体推进省委系列改革任务的需要

为推进省域治理现代化,2021年初起,浙江省委相继部署了"县乡一体、条抓块统"改革、数字化改革、"大综合一体化"行政执法改革等任务。2022年,省委进一步提出,要整合形成"1612"体系架构,构建一体融合的改革工作大格局。区委组织部坚决响应省委号召,坚持系统思维,将三大改革相互融合,作为一个整体协同推进。

## (三)赋能基层组织夯实执政之基的需要

从基层实际看,基层党组织普遍面临群众日益增长的美好生活需要和实际可调用资源力量间不平衡的问题,影响党建引领基层治理的实际成效。为此,区委组织部着力将街道大工委、社区大党委等党建统领基层治理系列做法融为一个整体,凝聚市场、社会、政府多元合力推动"民呼必应",以服务凝党心聚民心,进而让基层党组织在群众中实现"一呼百应"。

# 二、民呼必应治理体系建设情况

富阳民呼必应治理体系已运行稳定,整体框架和主要功能基本成熟。整体框架上,主要按照"一舱、两端、四模块"架构体系进行建设:"一舱"即一个民呼必应数字驾驶舱作为管理端,实现对全区治理服务态势的"一屏掌控"。"两端"即民呼端和办理端,其中,民呼端为场景入口,现已整合浙里办

APP、杭州城市大脑 APP 等重要政务服务平台,融合支付宝、微信、钉钉小程序等大众社交应用,设置扫码登录等多种接入方式,实现"居民多个渠道进入、需求一个口子收集";办理端为场景的工作后台,主要贯通部门、镇街、村社、小区四级资源力量,确保居民咨询、投诉、举报、建议、求助等所有需求在"一个体系办理",让数据多跑路、群众少跑腿。"四模块"即数据动态、掌上服务、先锋力量、智慧管理四大功能模块,形成系列功能矩阵,如:一网统管功能,实现对全区所有部门、镇街、村社、物业、小区党组织、业委会、社会组织 1.3 万余名工作人员的一体指挥管理;接诉即办功能,通过以计时方式推行即时响应、限时办结两项机制,对群众需求签收、办理、反馈时长进行管理考核,确保群众需求及时得到有效处置。双民指数功能,通过分析群众需求、评价等数据,形成"民意指数""民情指数",分别对民众满意度进行分层监测,对群众关注热点进行预警、预测;数源归集功能,通过打通统一地址库、公安户籍管理系统等平台,建起涵盖 118 项人、房、车信息的公共数据库;权力清单功能,系统整合权力事项、属地管理责任清单、"一件事"联动机制和具体案例,为基层工作人员提供涉及十三大领域 46 个部门 101 项基层治理事项的模糊搜索服务。监督考评功能,通过对每件事项、每个单位、每名工作人员办理情况、群众评价进行实时统计,为考核单位、干部服务群众绩效提供依据。

# 三、工作成果

## (一)深化一体融合,打造多跨协同分类处置综合平台

以整合形成"1612"体系架构为重点,推进全面贯通。横向面上,重点联通"12345"投诉热线、"联民桥"意见征集应用场景、"数字政协"政协议等民意渠道,智慧物业管理服务、省"民呼我为"系统、综合治理"四平台"等治理平台近 10 个,并正作为全区"一体化执法"贯通工作应用基座,探索与司法、环保等十大执法办案系统融合的可行路径,着力推进一个平台听民意、解民难、抓治理、管执法。纵向面上,配套建立分类处置机制,将阶段性、集中性

群众需求纳入区级"百日解难"事项,与年度"民生实事"、重大改革项目等挂钩,并通过省"民呼我为"系统、"七张问题清单"应用等渠道,探索联动省、市两级,提升处置复杂问题的综合治理能力。应用场景作为"民呼我为"市级试点单位,上架杭州城市大脑"民呼我为"频道,全区办理事项数据已接入省"民呼我为"系统的基层事项、社会事项数据库。

### (二)突出上下贯通,健全平战结合快响激活组织体系

坚持以建强组织体系为关键提升治理能力。制定《关于推进"党建统领·基层智治"工作的实施意见》,集成大工委、大党委、城乡组团、组团联村、党员干部进村社报到服务等党建统领基层治理有效做法,将全区所有65家机关(国企)、24个镇街、335个村社下属1.1万余名党员干部全部纳入场景,一体指挥管理。在线下,配齐361个小区(网格)中的楼道长(楼栋长、片区长)"三长"8466人,在线上,通过应用场景钉钉端的"一键通话"等功能与村社一体联通,系统构建直达基层末梢、平时治理、战时应急的组织体系。2022年4月28日晚,富春街道全域开展新冠疫情期间的一次常规性核酸检测,相关37家区级机关(国企)、7479名"三长"统一行动,确保当晚18.5万余名居民核酸检测工作有序完成,得到基层村社好评。

### (三)坚持党建统领,构建大社区大单元多元共治格局

发挥党建统领独特优势,在全面整合政府力量基础上,动员全区所有78家小区物业、135个业委会(物管委)以及1200余家社会组织、个体工商户等市场、社会力量,入驻应用场景参与治理服务,形成"市场为主、社会协同、政府兜底"的多元共治格局。着力发挥市场、社会主体特长,强化基层接诉即办能力。针对居民群众的小事、急事,主要由物业、企业等,按照物业服务清单、工商经营范围承接办理;针对公益性事务、非营利性工作,鼓励由专业社会组织,通过志愿服务、政府购买等形式提供服务。同时,聚焦全区无物业管理的125个开放式小区(区块),推进"民呼必应"下沉覆盖,赋能59个社区党组织、120个小区党支部,对基础建设、城市管理等十大类居民需求实现"就地办结",初步探索形成推进开放型大社区大单元党建的可行路

径。截至 2022 年 10 月,应用场景中群众需求整体办结率达 98% 以上。

### (四)建设数据大脑,探索智慧智能系统治理闭环模式

以提升前端感知、态势预测、主动预警能力为关键,丰富数据来源,优化算法模型,建强数据"大脑"。加强感知能力,以山水社区为试点,强化应用场景对小区烟感设备、消防系统、高清探头等前端感知设备数据的归集能力,实现对火灾预警、消防设备维护、高空坠物追踪等 11 类事项的智能感知和主动预警。强化分析能力,开发"民情指数"功能,通过关键词抓取等方式,分析场景中一定时段群众需求热点,动态展示 30 天统计范围内的 30 项群众关注热点事项,形成"民情热点榜";迭代"民意指数"功能,通过对群众评价数据的分析,形成"民意分层图",并对 30 天范围内,反复出现 5 次以上的地区性、集中性"低评价"事项或居民个体进行主动预警,为党委、政府做好风险预测提供参考。如 2022 年 1 月 29 日晚,针对应用场景中突然出现的 200 余件"核酸检测点位"咨询事项的突发民情预警提示,及时增设现场广播、增加引导人员、增强信息投放,有效确保大规模核酸检测有序推进。

### (五)着眼群众满意,完善全程纪实多维考评工作机制

坚持抓人促事工作方法,建立全覆盖的考核评价体系。在线上,依托应用场景,完善群众需求办理情况全程纪实和满意度评价功能,为每件需求建立"一事一档",并以每个单位、个人的办件量、办结率、及时率、满意率、退回率"一量四率"为重点指标,对群众需求情况实行红、黄、蓝"三色动态管理",确保所有需求"办理过程透明化、群众监督可视化、绩效管控精密化"。在线下,健全单位社会评价、"大党建"考核、物业"党建＋服务"百分制考评、社会组织公益基金奖励补助等机制,压实治理服务责任,提升服务质量。截至 2022 年 10 月,应用场景中群众需求整体满意度在去除系统默认评价后为 4.67 分(满分 5 分)。尤其在小区一级,在实行物业"党建＋服务"考评机制后,小区物业办理群众需求的质效明显提升,群众满意度也大幅提高,2021 年 10 月以来,全区物业类网信信访量同比下降约 32%,物业费平均收缴率由 81% 提升至 2022 年的 93% 以上。

　　富阳区整合市场、社会、政府多元力量，构建党建统领、整体智治、民呼我应基层治理体系，推动社会治理体系和治理能力现代化，赋能基层党组织更好"了解民情、集中民智、维护民利、凝聚民心"，相关经验做法获得了基层组织和民众欢迎，并得到上级的充分肯定。

　　（供稿单位：中共杭州市富阳区委组织部、杭州筑家易网络科技股份有限公司）

# "浙里检"全要素集成打造检验检测
# "服务＋监管"新模式

检验检测作为国家质量基础设施的重要组成部分,是国家重点支持发展的高技术服务业和生产性服务业,对社会经济高质量发展尤其是实体制造业创新发展有重要支撑保障作用。浙江是检验检测大省,相关行业快速发展的同时也存在行业创新不充分、机构能力不均衡、服务发展不精准、共治格局不完善等问题,这也是全国检验检测行业现状的缩影。浙江省第十五次党代会提出要做强做优生产性服务业,培育服务业新形态。浙江省市场监管局围绕检验检测"一件事",开发建设"浙里检"数字化平台,实现管理数字化,优化机构营商环境;推进检测数字化,强化在线服务能力;促进结果数字化,加强市场互认互信;探索治理数字化,实现多元智慧监管。

## 一、改革背景

随着社会经济的发展,检验检测作为国家质量基础设施的重要组成部分和传递信任、服务发展的高技术服务,社会各界需求日益增长。浙江省是检验检测大省,行业发展水平位居全国前列。截至 2021 年底,全省共有各类检验检测机构 2337 家,实现营业收入 300.08 亿元,占全国市场总量的 7.34％,居全国第五。全省共有从业人员 8.14 万人,拥有各类仪器设备 55.42 万台套,仪器设备原值 249.32 亿元,实验室面积 445.44 万平方米,参数能力 76.51 万项,方法标准 38.40 万项,2021 年全省检验检测机构出具检验检测报告 8200 余万份,数量居全国第一。

浙江省检验检测行业发展态势总体良好,但仍然存在检验检测市场供需失配、机构技术能力无法满足市场需求、检验检测机构能力水平良莠不齐、检验检测结果跨领域跨地区互认程度不高、多部门监管协同机制不健全等问题。党的二十大报告中明确提出,要构建高水平社会主义市场经济体制,深化简政放权、放管结合、优化服务改革,构建优质高效的服务业新体系。省第十五次党代会"10个着力"中明确提出"推进先进制造业与现代服务业深度融合,做强做优生产性服务业,培育服务业新形态"的要求。积极稳妥推进检验检测"一件事"综合集成改革,建设"浙里检"数字化应用平台,打造检验检测"服务＋监管"全要素集成治理新模式,对推动检验检测行业重塑性变革,提升优质服务供给,高水平实现检验检测公共服务均等化,促进经济社会高质量发展具有重大意义。

## 二、基本情况及存在问题

### (一)资质认定审批不便捷不统一

资质认定申请是市场主体进入检验检测行业的第一步,工作节点较多,表单填写烦琐。现行资质认定申报流程不便捷,申请的能力、人员、设备等要素信息需分表填报,存在较多重复填写的问题。各表单还存在填报说明不清晰、填报理解不一致等问题,影响后期认定审批效率。认定政策集成度不高、跨部门认定协同度不够,一家申请多头认定的情况降低了检验检测机构开办效率和积极性。

### (二)检验检测行业服务不全面不精准

浙江省检验检测行业发展较不平衡,低、小、散情况突出。截至2022年12月,全省检验检测机构中小微企业占比90％以上,综合能力较强、年产值超亿元的机构仅41家,其中上市机构17家。地域分布方面,较多机构集中分布在杭州、宁波、温州等地区,对山区26县等地区服务辐射能力较弱。服务能力方面,对浙江省块状产业服务不充分,大多机构能力建设较为保守滞后,缺乏规划引导,资源投入不足,在芯片、汽车及零部件、智能产品等领域与产业发展和民生需求存在一定不同步、不匹配。

### (三)检验检测实施过程不透明不快捷

检测实施是检验检测的核心环节,是检验检测结果准确可靠的基础。环境监检、工程安检等领域中部分检测需在使用场景下完成采集制样后将样品送至实验室。该过程时间长、节点多、管理难度大,容易出现样品遗失、错漏、违规调换等问题。由于省内许多机构数字互联设施建设滞后,检测实施过程不透明,质量更多依靠机构内部控制,存在较大风险。检测完成后,证书报告缺乏归集存证查验的平台,结果获取不便捷导致互认采信基础薄弱,一品多检、多地多检等情况普遍存在。

### (四)检验检测监管机制不完善不联通

检验检测涉及产品、工程、环境、生物等多领域,机构数量多、主管部门多跨、规定政出多门。浙江省还未建成检验检测行业治理和公共服务综合平台,各主管部门分头监管、各管一域,监管系统性和完整性较弱。一些检验检测机构利用多头监管的漏洞欺骗客户,无资质检测、超范围检测甚至不检测而伪造报告等违法违规问题频发,严重影响浙江省检验检测市场健康发展。

应用围绕检验检测"一件事",坚持改革和建设同步推进,以"全域覆盖、全类服务、全量归集、全新理念、全链管理"建设理念,聚焦检验检测许可审批、公共服务、行业发展、智慧治理等关键事项,构建"1+2+4+4"应用体系(见表4):搭建一个公共平台(驾驶舱),联动服务与治理两端,设计"检的管理""检的过程""检的结果""检的监督"四大场景(见表5)、打通政府、社会、企业、个人四侧(见图9)。应用多跨协同省委宣传部、省经信厅、省科技厅、省公安厅、省司法厅、省自然资源厅、省生态环境厅等22个省级部门,覆盖90个县(市、区),汇集省内产品、工程、环境、生物四大领域2300余家机构,构建"一表准入、一站云集、一网追溯、一链查验、一体监管"的检验检测"服务+监管"全要素集成治理新模式(见表6、图10)。

表4　"浙里检"需求清单

| 需求类型 | 序号 | 需求情况 |
|---|---|---|
| 提升政治能力（1项） | 1 | 全面贯彻落实国务院、国家市场监督管理总局关于推进检验检测行业做优做强、优化营商环境、减轻市场主体负担的重要举措，同时也是推进市场监管现代化和全省事业单位数字化改革的重要组成部分 |
| 推动治理能力和治理体系现代化（1项） | 2 | 聚焦服务体系和网络不够完善，数字化水平不高，综合服务不够便利；技术机构动态管理存在困难，部分机构结构不合理、技术水平不高、管理不规范、不正当竞争；检验检测行业数字化水平发展不平衡，数据结构化水平低，信息数据共享不充分；检验检测服务结果共享互认程度不高；科技创新、纾困帮扶、品牌培育等协同服务较少，基础设施、科研仪器、技术专家等资源开放共享机制不够完善等问题，"浙里检"构建资质极简批、对象全类集、检测物联溯、结果存证验、监管智慧联的检验检测全周期管理服务新模式新机制，全面提升检验检测治理效能，打造"两个先行"浙江样板 |
| 群众高频需求（2项） | 3 | 质量技术服务专业门槛高，缺乏了解、申请、办理、查询、反馈、评价相关信息和服务的可信、便捷、集成通道 |
| | 4 | 搭建检验检测"一站式服务平台"，建立快速、有效的报告查验服务系统，为消费者提供检验检测咨询、业务受理、报告查验等服务，解决群众难以直观查看产品质量报告、质量证明等相关信息 |
| 企业共性需求（5项） | 5 | 缺乏便捷、综合、高效、专业的咨询或服务办理窗口，综合服务不够便利 |
| | 6 | 定制化需求的服务能力相对薄弱 |
| | 7 | 假报告、假证书问题存在，缺乏统一、可信、便捷的检验报告、认证证书、计量校准证书等服务结果查询渠道 |
| | 8 | 技术服务能力与产业发展、企业需求不匹配 |
| | 9 | 检不了、检不快、检不准问题依然存在 |
| 打造金名片提升竞争力（1项） | 10 | 建设"浙里检"平台，打造全国检验检测"最多跑一次"浙江样板，率先实现检验检测全生命周期公共服务优质共享，支撑监管部门除险保安，服务市场主体稳进提质，助力人民群众放心消费 |
| 防范化解重大风险（1项） | 11 | 防范化解检验检测报告、证书伪造、失真引发的安全风险 |

表5　"浙里检"场景清单

| 场景建设 | 序号 | 子场景 |
|---|---|---|
| 应用围绕检验检测"一件事"，纵向贯通国家、省、市、县四级，横向打通"浙江质量在线""浙江企业在线"等10余个系统，归集全省产品、工程、环境、生物四大领域2300余家检验检测机构数据，主要建设4个子场景 | 1 | 检的管理：审批管理、机构管理、能力管理、标准管理、对象管理 |
| | 2 | 检的过程：服务云集、业务对接、检测实施、报告形成 |
| | 3 | 检的结果：结果存证、结果运用、结果互认、结果赋能 |
| | 4 | 检的监督：政府监管、行业自律、社会监督、平台治理 |

| 政府侧 | 社会侧 | 企业侧 | 个人侧 |
|---|---|---|---|
| 浙江政务服务网 | 浙江省市场监督管理学会 | 实验室管理系统（LIMS） | 浙里办 |
| 浙江省水利工程质量检测服务应用 | 浙江省消费者权益保护委员会 | 企业生产管理系统（ERP） | 浙政钉 |
| 鉴定机构鉴定人管理系统 | 浙江省质量协会 | 采购管理系统 | 微信 |
| 浙里建-工程检测应用模块 | 中国邮政 | 淘宝网 | 支付宝 |
| 中国气象局行政审批平台 | 中国电信 | 京东商城 | 抖音 |
| …… | …… | …… | …… |

**图 9　"浙里检"四侧贯通**

**表 6　"浙里检"改革清单**

**改革目标**

围绕检验检测"一件事"，多跨协同相关部门，汇集省内产品、工程、环境、生物四大领域检验检测机构，构建检的管理、检的过程、检的结果、检的监督全生命周期服务、管理体系，打造"全域覆盖、全类服务、全量归集、全新理念、全链管理"的检验检测公共服务数字化平台，重塑行业发展新形态、新空间、新机制，加快形成"创新开放、融合共享、供需协调、优质高效"的服务新格局

| 目标细分 | 序号 | 举措 |
|---|---|---|
| （一）全面优化准入服务，激发市场活力 | 1 | 审批要素结构化：检验检测标准依据结构化；资料表单结构化；形成要素结构化规则，制定地方标准。 |
| | 2 | 主体申办极简化：一表申请极简化；许可方式"三选一"；证书"一家一证"极简化；公示查询极简化 |
| | 3 | 部门许可联动化：实现省市县三级同权审批；实现横向部门多资质协同联动；实现检验检测数据跨部门贯通 |
| | 4 | 技术评审智能化：优化审批系统智能监控；提升技术评审智能约请比例；推进远程、掌上智能评审 |
| | 5 | 项目认定规范化：建立市场需求特定项目认定制度；建立特定项目检测依据评审办法；采信上级部门特定项目认定结果 |
| | 6 | 资质管理精准化：精准识别检测内容；精准分类检测依据；精准掌握机构、能力资源状况 |

续　表

| 改革目标 | | |
|---|---|---|
| （二）全面强化过程管理，提升服务水平 | 7 | 重塑"浙里检"公共服务平台运行模式：强化平台"五全"建设；强化部门"一体化"联动建设；强化平台"一站式"服务建设 |
| | 8 | 加快检测过程规范阳光化：强化从业人员职业素质管理；强化检测项目全要素规范评审；强化检测过程"阳光化"；强化管理责任条块落实 |
| （二）全面强化过程管理，提升服务水平 | 9 | 构建产业协同的供需机制：聚焦新兴产业检测需求；聚焦特色产业检测需求；聚焦产业企业多维服务需求 |
| | 10 | 实施科技强检推进工程：突出"高精尖缺"破解导向；突出"大院名所"建设导向；突出"名人名家"用培导向 |
| | 11 | 推进机构集约化发展：推进事业型机构数字化重塑；推进事业型机构分步重整；推进企业型机构整合优化 |
| （三）全面优化结果运用，增进互认采信 | 12 | 统一结果采信互认信息标准：研制信息统一标准；积极推动标准应用 |
| | 13 | 构建结果存证查验工作体系：出台结果存证查验制度；建设结果存证查验服务平台 |
| | 14 | 推进结果互认运用：制定出台增强结果运用指导意见；推动机构参与能力验证活动；加大结果互认采信宣传推动 |
| | 15 | 开发赋能增效"大脑产品"：增强数据产品开发能力；发挥数据产品赋能作用 |
| （四）全面强化监督共治，推进行业发展 | 16 | 实施风险监控：建立风险信息采集渠道；建立风险监测指标体系；有效实施风险评价监控 |
| | 17 | 实施信用评价：建设信用监管数据库；形成具有行业特点的信用评价方法 |
| | 18 | 实施协同监管：加强横向部门联合监管；加强业务条线监管协作 |
| | 19 | 实施社会共治：引导检验检测机构自律；强化内外部投诉举报机制；发挥行业协会管理作用；鼓励公众媒体监督 |
| | 20 | 实施闭环管理：明确闭环处置机制；明确事项处置规范 |

## （一）功能拆解

### 1.驾驶舱一屏掌控

应用驾驶舱首屏一库集成全省检验检测行业核心数据，通过数据拆解分析和动态更新对全省 2300 余家检验检测机构进行精准数字画像和动态管理，实现全省检验检测行业态势"一屏掌控"。

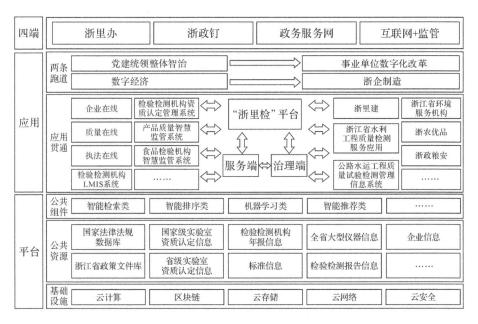

**图 10 "浙里检"业务架构**

### 2.检的管理场景

着眼检测实施前机构资质认定、行业准入管理。设置"审批管理""机构管理""标准管理"等模块,建设"云上评""一键查""联合批"等功能,主要解决市场主体资质申请多表填报、审批过程节点不透明、在线评审系统不支持等问题。

### 3.检的过程场景

着眼检测行为实施过程的规范、公正和检测数字化水平和服务质量的提升。设置"服务云集""业务对接""检测实施""报告形成"等模块,建设"阳光实验室""远程智控实验室"等场景,主要解决检验检测市场供需对接不顺畅、样品来源不可溯、违规虚假检测、结果获取不便捷等问题。

### 4.检的结果场景

着眼拓展检测结果适用范围,深化检测结果互认采信。设置"结果存证""结果运用""结果互认""结果赋能"等模块,建设"计量器具证书报告诊断""检验检测报告显微镜"两个大脑产品,主要解决报告电子存证、快速鉴真、互认能力识别等问题。

5.检的监督场景

着眼加强检验检测行为全方位、全生命周期监管,引入多方社会力量创新检验检测多元共治格局。设置"政府监管""行业自律""社会监督""平台治理"等模块,建设"闭环监管"场景,主要解决政府监管系统性不强、跨部门监管协同度不高、营商环境有待优化、纠纷投诉处理反馈迟滞等问题。

# 四、创新举措及成效

## (一)优化准入服务,激发市场活力

1.简化许可申办

结构化拆解检验检测机构资质认定的标准依据、申请表单、业务流程。在申请环节实施"四表合一",将原本需要分开填写的申请能力、仪器设备、能力比对、检测场所、授权签字人等表单融合为一,实现"一标关联、一表填报、一键导入"。申请机构可根据自身条件及需求自主选择采用资质认定的一般程序或更为便捷的告知承诺程序及自我声明程序。截至2022年9月底,资质认定一般模式行政许可8699件,告知承诺68件,自我声明办件4.5万件,极大提高了资质认定的效率和有效性。

2.提升审批效率

推动资质认定审批权限下放,在已有11市19县(市、区)基础上,实现全省市县全下放。优化检验检测机构资质联合审批机制,迭代升级联合审批平台,提高市场监管与建设、交通、水利、环境等横向部门联审协同力。开发建设"云评审""掌上评审"等移动端应用,运用数字化技术开展远程线上评审,提升全省智能评审水平和工作效能。截至2022年9月,已实现7项政府审批全流程在线办理44486次,市场主体资质认定首次许可审批时长由25天缩减至15天以内,资质日常变更审批基本在24小时内完成,压缩了行政许可、变更审批工作时限,有效激发了市场活力。

3.强化日常管理

健全浙江省检验检测服务业监测统计机制,运用数字化手段,系统梳理检验检测内容,建立法定强制性检测、市场自主性检测和行业检测潜在需求三大类数据库,为检验检测机构创新发展提供支撑。归集检验检测依据,分类建立技术法规、技术标准、非标方法等三大类数据库,为检验检测机构能力建设提供支撑。

### (二)智控检测过程,提升服务能力

#### 1. 打造"一站式"服务平台

建设上线检验检测公共服务平台,全量入驻全省产品、工程、环境、生物四大领域 2337 家检验检测机构,打通物流、支付、保险等配套环节,实现咨询、下单、送检、承检、出证等检验检测全过程"一平台通办"。创新现代化服务体系和机制,优化客户与机构在线交流交易环境。组建包含客户服务、资源组织、宣传策划、法务保障、技术支撑等功能的运营团队,明确工作职责和运行机制,推动平台有序发展。截至 2022 年 9 月底,平台在线服务订单超21 万单。

#### 2. 提升检测过程透明度

围绕检测过程"人、机、料、法、环"关键要素,制定针对性措施优化检测过程管理。推广运用样品赋芯、外业取样视频鉴证等技术,增强检测样品可溯性。运用远程监控、物联感知等技术在食品、机动车、生态环境等领域推广建设"阳光实验室"。对接检验检测机构 LIMS(Laboratory Information Management System,简称 LIMS)系统,积极推动线上全要素存证检测过程中人员授权、设备运行、测试操作等实时信息,有效预防虚假检测、违规检测等问题。

#### 3. 提高检测服务便捷性

针对浙江省块状产业、山区 26 县、小微企业等发展需求,充分撬动政府、市场多种资源及投入机制,加快检验检测能力建设,满足社会经济发展需求。推广建立远程智控方舱实验室,将检验检测服务推送至块状产业及山区 26 县企业生产线末端,提高检测时效的同时大幅降低企业送检成本,2022 年已为企业节省检测、运输等费用 1000 余万元。鼓励检验检测机构提供质量、计量、标准、认证等多维服务,搭建特色服务模块。提供开放实验

室、大仪共享、入企帮扶、专家门诊、在线培训等公益类服务项目,提升检验检测服务业对产业发展的支撑作用。截至 2022 年 9 月,平台开放实验室303 家,在线预约实验室 70887 次;共享大型测量装备 2710 台套,在线预约设备共享 36825 次。

### (三)促进多方互信,赋能结果运用

#### 1.构建结果存证查验体系

探索应用二维码、区块链等技术,推进检验检测报告赋码、上链,夯实结果互认互信工作基础,截至 2022 年 9 月共计发放赋码报告 217673 份。建设开发证书真实性快速鉴别服务平台,机构、企业、用户、政府等方可通过"浙政钉""浙里办"等应用扫描"报告码"核验报告真伪。截至 2022 年 9 月底,社会各界通过扫码完成证书报告真伪查验 73624 次。

#### 2.推动结果跨领域互认

建设检验检测报告互认机制信息库,自动识别并验证应用归集的检验检测报告所具备的国际互认、全国互认、行业互认或地区互认能力。在生产、流通、消费等环节大力推进国际、国内、行业、区域互认。加大对结果互认采信工作宣传,提高全社会互认采信工作认知,有效发挥其降低市场交易成本、提升社会经济运行效率的作用,截至 2022 年 9 月底,互认报告 5 万余份。

#### 3.拓宽数据结果赋能应用

加强公共性、公益类报告结果统计、分析、运用,构建检验检测服务业数据分析模型,开发"产业检验检测需求分析仪"等大脑产品,提升数据在检验检测行业统筹规划、发展预测、风险预警、智慧监管、消费引导、舆情应对等领域的应用,为政府决策、产业发展、机构改进提供资讯。

### (四)探索多元共治,推动行业发展

#### 1.信用评价协同监管

综合检验检测机构规模、能力、检测行为等维度制定细分 63 个三级指标的信用评价体系。全量归集机构登记注册、行政许可、抽查检查、行政处罚、

列严列异等信息,实施信用四色评价,将评价结果与日常监管"双随机、一公开"监督抽查等挂钩。加强与公安、生态环境、水利、自然资源、司法等部门数据交换,实现监管信息互通、违法线索互联。开展跨部门联合监管执法行动,持续加大行业乱象联合惩戒力度,形成行业监管和资质监管的工作合力。

2. 行业自律、社会共治

充分发挥各领域检验检测行业自律约束作用。推动行业协会建立健全从业人员职业道德教育培训制度,并在平台公开自律公约,对会员单位检测行为、检测收费等方面进行监测及预警。探索建立"吹哨人"、内部举报人等制度,畅通投诉举报渠道。向社会公众、新闻媒体开放对检验检测机构行为进行监督的投诉举报渠道,提升舆论监督和行政监管的协同效果,促进机构增强自我约束意识。

3. 风险监测闭环管理

运用大数据对检验检测机构存在的风险进行研判。设计开发"检验报告显微镜""检定证书诊断台"等系列大脑产品,通过"算力+算法"对已存证的报告、证书实施"合规体检",推进检验检测智慧监管。构建风险问题受理、登记、派发、核查、反馈闭环处置模型。明确责任部门、责任人、责任时限,分类分级推送交办至相关部门。依据事项处置规范,建设分门别类指导、约谈、现场检查和立案查处等在线方式,实现处置过程可跟踪,处置结果全透明,提高处置办理的有效性和及时性。截至 2022 年 9 月底,累计发现并完成闭环处置风险问题 4415 个。

（供稿：浙江省计量科学研究院,葛雁、任凝;浙江方圆检测集团股份有限公司,王新燕;浙江省轻工业品质量检验研究院,许之浩;浙江省产品质量安全科学研究院,吴涛）

# "大综合一体化"行政执法改革赋能基层治理现代化

2022年是浙江省数字化改革"大变样"之年,强调突出"大脑"建设,强化实战实效,打造具有引领性、示范性、典型意义的重大应用,不断提升治理体系和治理能力现代化水平,推动数字化改革不断走向纵深。面对基层治理这一动态复杂系统在新阶段的新问题,及数字化改革的新目标与新要求,作为全省唯一全市域推进"县乡一体、条抓块统"改革试点的地级市和"两大系统"衔接贯通的省级试点市,衢州以"县乡一体、条抓块统"改革为抓手,持续推进事权下放、力量下沉,推动全市103个乡镇街应用贯通、平台贯通、体制机制贯通,探索推进基层治理体系和治理能力现代化的"衢州模式"。浙江数字化发展与治理研究中心团队调研衢州基层治理改革,总结提炼了数字赋能基层治理体系经验和治理能力现代化路径。

## 一、基层治理改革的痛点堵点问题

数字赋能促使政府组织从传统的等级科层制转变为非中心化、扁平化的网络型结构。当前,各地积极推进基层治理大脑建设,在取得一定成效的同时,也暴露出一系列问题,主要如下:第一,系统整合打通难度大。各层级、各部门都有自己的系统,各自为政,业务与技术之间存在断档,资源整合难,并且缺乏统一的事件调度、分配、处置中枢,通过业务和机制贯通推进"大综合一体化"治理难度大。第二,行政执法事权划分不清晰。监管执法事项、监管责任主体、执法责任主体、执法人员等信息融合难度大,基层治理平台、大脑利用率低,"七张问题清单"工作和四平台贯通工作"两张皮"现象普遍,难以实现全领域、全要素、全周期信息事件的自动归集、识别分析、分拨派遣,造成区域间基层治理能力参差不齐。第三,基层减负、实战实效不明显。不少地区的基层治理人员表示系统建设与应用不仅没有减负反而增加其工作量,社会、群众参与度不高,再加上考核与评价体系不完善,衍生出"指尖上的形式主义""数字形式主义"等问题,不仅没有减负增效,重复建设还造成大量的人财物的浪费。

## 二、基层治理改革的衢州实践

衢州围绕治理体系和治理能力现代化建设,坚持党建统领,以数字化改革撬动基层治理改革,依托一体化智能化公共数据平台,通过基层治理大脑一网、一域、一中心能力,赋能衢州大综合一体化行政执法改革,建设市域一体、行业集成、多维融合的市域治理平台,实现综合集成、基层减负、实战增效。优化"162"体系贯通,推动市域治理体系和治理能力全方位变革、系统性重塑。

### (一)坚持党建统领,提升基层治理能力

充分发挥"县乡一体、条抓块统"改革先行优势,坚持全市域、全领域、全方位,体系化规范化推进。持续完善"七张问题清单"工作机制,深入实施"红色根脉强基工程",系统谋划党建统领基层治理的组织体系、运行机制、制度建设、要素保障。打造市域治理中心,探索构建权责统一、权威高效、快速扁平的市域治理新格局,通过"三融五跨"推进"1612"体系贯通,推动市域治理体系和治理能力全方位、系统性重塑。通过执法综合和监管融合推进事权下放、力量下沉,推动组织机构模块化运行,建强乡镇(街道)综合信息指挥室,科学整合县乡执法力量,有效调动基层工作积极性与走近群众意愿性。

建立省、市事项准入和退出机制,明晰事项贯通至"四平台"的归口标准,基层事项准入范围和退出程序,从人口规模、经济总量、人员力量等维度,开展乡镇(街道)承接能力评估,切实为基层减负赋能。出台县级分拨流转机制,明确县级业务分层分级分拨机制,编制整体共性机制,形成业务贯通范例。出台业务实施规范标准,形成"162"与"141"体系衔接贯通的工作流程、业务培训、工作指导等统一标准。加强衔接贯通工作指导,建立长期

培训机制,开展贯通工作人员专业培训,建立网格—村(社)—乡镇(街道)—区县—市五级工作人员的培训体系,学习技术趋势和标准,了解衔接工作的业务和技术及其适用性。同时,以"案例中心"破解基层法制审核能力弱,以"培训中心"破解基层执法能力提升难,以"制度规范"破解基层执法配合难等问题,推进"管不着向管得好""不会执法向善于执法"转变。

### (二)构建基层治理大脑,推进"两大体系"衔接贯通

由市级统筹规划,按照基础优先、逐步拓展的思路进行建设,在全省率先探索迭代升级"基层治理四平台",从需求贯通、功能贯通、数据贯通三个方面推进基层治理系统建设平台贯通,通过省一体化智能化公共数据平台—市一体化智能化公共数据平台(城市大脑)—县一体化智能化公共数据平台(数据仓)—基层治理"141"系统的贯通路径,推动数据资源下传,构建公共服务组件,最终形成一网一域一中心的基层治理大脑体系架构。市级统筹建设通用和核心能力,县(市、区)做好集成对接、场景应用落地。迭代《衢州市基层治理大脑建设指南》,出台《衢州市基层治理大脑建设方案》,统筹算法、模型、组件、模块等标准规范和"一本账"机制,以算力换人力,以智能增效能,为基层治理提供能力支撑。通过市级事件中心统一接入全市事件,实现事件跨部门、跨领域、跨层级的汇聚、融合,实现全量事件任务多维度监测、分析和管理。

以数据同源、模型同构、全市统筹的理念,分类型分模块分层级承接"162",一体建设县、乡和基层网格三级工作界面。首先,以平台为核心。在县级矛调中心的基础上,探索建设县级社会治理中心,打造集党建统领、经济生态、平安法治、民生服务等于一体的基层治理共同体,使之成为线上系统与线下力量的贯通平台、任务下行与事件上行的交互枢纽、信息研判和资源统筹的指挥中心,打造"162"体系在基层贯通的核心枢纽。其次,以事件为基础。以一体化智能化公共数据平台为支撑,通过业务协同和数据共享服务网关,提升任务分拨办理、事件处置处理、风险感知管控和协同绩效评价的能力,完善任务下行、事件上行的闭环运行机制。统一用户体系和统一工作界面,在县、乡、村三级垂直贯通,对贯通任务事件进行统一承接流转,

非必要不新增系统、APP，避免二次分拨，推动以事件为基础的基层治理标准化、智能化、一体化。最后，以协同为重点。紧扣高频、高权重、群众企业高需求事项，梳理形成"一件事"，每件事分别确定一个牵头部门，若干协同部门，勘定牵头部门、协同部门与乡镇的职责边界，形成事件"精准识别、自动流转、即时响应、全程可控"的线上运转处置闭环，实现跨部门、跨领域、跨层级县乡联办的监管、执法、服务事项"一件事、协同干、集成办"，推动数据共享、业务协同、流程再造、制度重塑，进而推进基层"141"系统和"162"系统功能双向贯通。

### （三）深化制度重塑，打造基层变革型组织

通过大脑应用用算力换基层治理工作人力，通过智能化增强乡镇街道工作效能，提高基层治理综合能力。通过基层治理大脑的一网、一域、一中心建设，赋能基层治理系统，发挥综合集成效应，推动实现基层人员一屏知晓、一次登录、一站办理，切实为基层人员减负赋能。重塑"大综合一体化"指挥体系，赋能行政执法事权划分，赋能基层减负、实战实效，重塑基层考核与评价，构建保障体系，提升保障能力。将基层治理系统建设工作纳入经济社会发展工作目标综合考核、共同富裕评价指标体系、干部绩效考核评价三个考评维度中，完善乡镇（街道）干部"四维考评"机制，做实县乡"双向考评"，构建目标管理、督促检查、过程跟踪、年终考评、结果应用的考评管理闭环，以考核促落实，以考核提效能。按规定落实乡镇干部经济待遇（全口径收入）、考核评优向乡镇（街道）干部倾斜政策。

打造"综合执法＋市场监管、生态环境、交通运输、卫生健康、应急管理"的"1＋5 执法体系"，全市共精简执法队伍 43 支（原 72 支），精简率达到 60％；精简执法人员 280 人，精简率 10％。同时，坚持体系化、动态化、标准化，全面归集执法事项，整合"三高"和"沉睡"事项 910 项，形成综合执法事项 2439 项（占比 45％），五大专业执法事项 2447 项，其他事项 534 项的"橄榄型"事权集中配置结构，行政执法力量下沉县乡两级 85％以上，下沉乡镇（街道）60％以上。通过"以区为主"体制调整，将综合执法、市场监管部门执法层级、人员编制下调至区，市县两级按照"内设科室＋直属单位＋基层中

队"架构重组,实现上下对应、业务贯通。市本级下放执法人员 321 人,精简科技编制 61 个,构建顶端精简、扩大基层底盘的"金字塔形"力量布局。保障"突发—紧迫型"应用场景,技术嵌入组织采用"短、平、快"的即期合作模式,以快速实现组织与技术的目标耦合与激励相容,打造"物理空间＋数字空间""线上＋线下""平时＋战时"的基层治理变革型组织,共同应对环境压力造成的组织危机,共同赋能基层治理体系和治理能力现代化建设。

（供稿单位:浙江数字化发展与治理研究中心团队）

# "城市眼·云共治"子场景打造一网统管数字孪生数据底座

杭州拱墅区坚持以"城市内涝智治防护"为切入场景，在现有信息化建设成果基础上，整合资源与统筹新建方式，通过构建以"IoT（Intenet of Things，物联感知）＋GIS（Geographic Information System，地理信息系统）＋BIM（Building Information Modeling，建筑信息模型）＋公共数据"四融合为核心的城市治理数据底座，为打造领先的城市防涝数字孪生场景应用提供底层支撑。依托数字孪生的理念和方法，解决看不见、发现慢、预判弱、效率低、统筹难等城市防涝治理的难点、堵点和痛点问题，提升城市治理"一网统管"水平。

## 一、背景信息

党的十九大报告指出：以信息化推进国家治理体系和治理能力现代化，分级分类推进新型智慧城市建设，打通信息壁垒，构建全国信息资源共享体系，更好地用信息化手段感知社会态势、畅通沟通渠道、辅助科学决策。在浙江省如火如荼的数字化改革的浪潮中，明确提出推动治理体系和治理能力现代化，将经济社会的运转和治理建立在网络化、信息化、智能化的底座之上，推进深层次系统性制度重塑。由此可见，构建信息化、智能化的城市治理底座，同步推进相关制度的重塑是城市治理现代化提升发展的必经之路。

在浙江省数字化改革推进会中，"小切口、大场景"的改革突破法和以"三张清单"为抓手谋划重大应用的推进机制一再被强调，数字化改革是为打造一批管用、实用的最佳应用。为此，杭州拱墅区坚持以"城市内涝智治防护"为切入场景，在现有信息化建设成果基础上，通过整合资源与统筹新建方式,构建以"IoT(物联感知)＋GIS(地理信息系统)＋BIM(建筑信息模型)＋公共数据"四融合为核心的城市治理数据底座,为打造领先的城市防涝数字孪生场景应用提供底层支撑。依托数字孪生的理念和方法,解决看不见、太危险、太复杂、缺乏系统性和预判性等城市防涝治理的难点、堵点和痛点问题,提升城市治理"一网统管"水平。

## 二、目的或意义

每年的暴雨洪涝灾害,都会给生命与财产安全带来巨大的危害。城市应急指挥的综合调度与管控、突发状况的防范与处理等成为当下亟待解决的问题。

发现慢。城市内涝感知滞后,人员力量有限,巡查范围和时间段受到限制,管理存在盲区和死角,不能及时全面地发现问题。

预判弱。前期缺乏有效取证,风险预判能力弱,易导致各方人员对事实争议较多,提前排险能力不足。

效率低。城市治理案卷以人工流转为主,且流转环节较多,应急处置任务的及时派发、有效处置、完整闭环的过程与跟踪机制不够完善,工作效率低下。

统筹难。缺乏统一、高效的系统性指挥调度,综合统筹跨部门协同作战能力不足,对社会面、群众面的参与程度、响应能力考虑也不够充分。

运用数字孪生手段,构建城市大脑数据基座,提升城市防涝治理"一脑治全城"水平,防范化解重大风险隐患是我们的思考重点。

运用数据孪生手段。聚焦城市内涝场景,构建微观场景的数字孪生体,为预警、决策、调度、处置提供更直观、量化的评估依据。

构建城市治理数字基座。构建拱墅区城市治理数字基座,主要包括:物联感知平台、智能运算平台、决策辅助平台、指挥调度平台、事件处置中心等。

提升城市治理能力。以统一标准整合区物联设备及系统,形成城市运行数据资产,统筹区域算法算力,各业务场景共享。

防范化解重大风险隐患。利用城市治理数字基座能力,实现内涝风险智能监测预警、内涝危害智能计算仿真、内涝事件闭环处理应对。

拱墅区基于一网统管数字孪生数据底座城市防涝智治系统,充分整合拱墅区"城市眼·云共治"等数字化基础,按照系统化设计、解耦式开发模式,构建拱墅区六统一城市大脑数字基座,是势在必行的,也极具社会意义和经济意义。

结合拱墅区河道网络密集、受台风雨水影响频繁等特点,该数字基座将聚焦"河道治理、城市防涝"小切口子场景率先发力。通过该数字基座的建设,形成区域社会、城市治理的强大基础支撑能力,实现空间数字化、数字资产化、研判智能化,帮助打造精细化、智能化、可视化的城市管理、治理新模式,助推城市治理现代化建设。

## 三、当前基本情况及主要问题

为推进区域的治理能力现代化,拱墅区在前期精心谋划并建成了"城市眼·云共治"平台,该平台以区域一体化智能化公共数据平台为数据中枢,输出相关数据至"城市眼·云共治"数字驾驶舱,以数据大屏形式展示全区物联设备、感知事件情况。随着时间的推移,平台也逐步显现出一些需要继续改进优化的方向,具体情况如下。

### (一)未制定统一标准进行前端数据采集

为"城市眼·云共治"平台提供数据支撑的一体化智能化公共数据平台接入的数据源,尚未实现对城市感知场景的全覆盖,且数据类型主要是各垂直条线业务系统加工分析完成的事件数据,前端物联数据暂未制定统一标准进行数据采集。"城市眼·云共治"平台关联的设备有视频端、传感器端,由于主要采取与三方平台系统对接的方式,不同平台系统的数据标准不同,无法统一,且后续任一平台系统升级改造都会产生联动效应,带来额外成本。

## （二）区域数据间存在壁垒，无法实现数据共享与价值实现

物联基础数据分散在各个业务系统或供应商系统中，存在数据壁垒，区级层面仅能够被动接收各场景数据源加工完成的数据，无法主动实现更深层次的数据分析、穿透管理，政府侧对基础物联数据的掌控与安全保障也存在一定风险。

## （三）平台算法能力与终端硬件存在强绑定关系

"城市眼·云共治"平台算法能力与终端硬件存在强绑定关系。平台使用硬件配套的紧耦合算法来实现基础物联数据加工后的事件告警，算法算力等共性能力无法统筹调配和共享。因此，存在同一场景不同街道算法标准不统一，算力冗余无法共享、无法下沉至基层政府部门，算法偏差难以调教等问题。

## （四）城市运行数据未有效支撑决策指挥

城市运行数据在决策指挥场景下的效能尚未得到高效发挥，数据效用主要体现在为决策者提供更多信息的数据归集与展示层面，而这些数据在决策建议、处置预案、态势评估等层面的能量尚待挖掘。

## （五）城市治理事件处置未统一、未闭环

针对城市治理，拱墅区的智慧化治理监管平台众多，每天会产生大量的待处理事件。但大部分系统只生成事件，尚未实现事件闭环处理功能。即使部分系统有事件管理的追踪闭环，也采用相对粗放的管理方式，缺乏统一有效的流程管控。

## （六）区街社三级联动治理、建模算力共享

现阶段，拱墅区内区、街、社三级部门均已建设数字驾驶舱，为后续三级联动协同、统一指挥调度指令派发、数据共享实现智慧决策奠定了坚实的前端基础，后续需要逐步提升联动机制能力、指令交互闭环能力、场景建模能力等。

### (七)河道治理、城市内涝防护存在难点痛点

京杭大运河流经拱墅区,其衍生的支流构成了拱墅区密集的河道水系,全区共有河道 88 条(共计 180 公里)。纳入区县管理职责的 24 条运河一级支流河道中,有 19 条都在拱墅。整体运河水系流经 21 个街道,其中有 12 个街道隶属拱墅区(关联人口近 82 万人)。同时,内涝隐患点众多,地铁口、桥洞、大型地下停车场和商场地下室等低洼区域量大面广,管理压力大、治理难度大;且拱墅区在夏秋季时常遭受台风影响,降雨量大时容易形成积水内涝,严重威胁人民群众生命财产安全。迫切需要整合现有平台,打通各条线数据构建数字基座,以数字孪生手段,来提升运河河道的现代化治理能力,加强对城市内涝风险的防护。

因此,拱墅区以"城市眼·云共治"3.0 版本平台为基础,围绕省数字孪生新赛道,立足拱墅区城市治理实际问题,选定城市防涝为场景切入口,以数字孪生的理念、方法和手段,创新建设了城市防涝智治系统,有效解决了困扰该区的城市治理问题。

## 四、总 体 设 计

以"三张清单"为切口,以增强改革治理的系统性、整体性、协调性和群众获得感为目标。依托 IRS(Integrated Resources System,一体化数字资源系统)建设数字基座,夯实城市治理体系,以创新自建和 IRS 复用相结合方式,统筹规划、合理布局,遵循全省统一的"四横四纵"架构。秉承整合利旧的原则,依托拱墅区一体化、智能化公共数据平台、省域空间治理平台,建设拱墅六统一城市大脑数字基座,包括统一物联感知平台、统一智能运算平台、统一智能决策辅助平台、统一智能指挥调度平台、统一事件处置平台、统一区街社三级数字驾驶舱平台,并率先聚焦"河道治理、城市防涝"小切口子场景实现落地应用。

### (一)构建统一物联感知平台

设计全区统一的物联感知数据接入标准,统一实现区域物联感知设备的接入,统一采集前端场景设备基础数据、运行感知数据、事件告警数据等。基于现有的"城市眼·云共治"2.0版平台,实现与已建 29 个前端业务场景系统(如雪亮工程、城上云管等)数据的互联互通,同步为新设备接入配置好统一标准,解决不同系统、不同供应商间的技术标准不同带来的兼容、协调问题,构建可支撑全区各条线、各部门共享协同的物联感知数据底座,形成区域物联感知一张图。

### (二)构建统一智能运算平台

建设统一算法仓库,为不同条线提供深度学习、机器学习等算法服务,实现算法能力与前端设备的解耦;统一区域算力的调度,实时监测不同场景、不同设备的资源使用情况,并支持临时性资源调配;形成算法融合分析能力,针对特定场景支持调用多套设备、多套算法开展融合、比对分析,来提升对事件研判、告警的准确率;提供场景数字化建模服务,为数字孪生世界模拟仿真提供强大的算法算力支撑。

### (三)构建统一智能决策辅助平台

基于市政设施管理标准规范及行业标准等准则,深度运用物联网、大数据技术,建成市政各类智能化监管预警和处理体系。通过收集汇聚相关指标数据进行汇总分析,进行大数据可视化模块综合展示和预警,方便管理者及时、全面,从宏观到微观掌握市区情况的同时,能够有效地进行风险事件的事前发现和响应,从而大幅降低各类情况造成的安全风险,全面提升拱墅公共安全防控能力。

### (四)构建统一智能指挥调度平台

统一智能指挥调度平台围绕城市运营管理及日常工作业务,融合多方通信能力,支持移动客户端、桌面客户端与移动设备之间的音视频、文字消息、图片等数据的实时交互和实时分享,实现跨地域、跨终端的信息共享和业务协作。充分利用已建的公众与专用通信网络、有线与无线通信资源,实现与各级应急指挥平台以及突发公共事件现场间的信息传送,确保应急处置时通信联络的可靠、通畅。

### (五)构建统一事件处置平台

基于统一智能决策辅助平台、统一指挥调度平台的事件推送、应急指挥指令,以拱墅区事件流转中心平台为核心完成不同事件信号、指令信号的派发与推送,派发对象包括区域所有业务主管部门、网格员、社区、街道、区级市级协同部门(如消防、市场监督检查、环保等)、群众,并形成不同派发对象间的信息互通、事件流转流程,实现事件处置的管理流程闭环。

### (六)构建统一区、街、社三级数字驾驶舱平台

通过全区各街道、各社区的数字驾驶舱,支持将人工处理的事件信号推送至统一事件处置平台;在紧急情况、区域统一指挥时,使用该平台与统一指挥调度平台实现工作督办、实时交互,获取上级指令,反馈基层具体情况与建议;以区街社三级驾驶舱为载体,将区域统一的算法算力、建模仿真能力下沉至基层业务人员,支持以菜单式、可视化的方式实现场景建模、预案推演。

## 五、实施过程

在符合省级主管部门的相关业务规范下完成了城市治理数据底座的开发建设与上线投产,试点应用覆盖范围也已按试点建设方案完成(整合接入全区防涝相关物联感知设备,覆盖全区所有易积水隐患点,实现全区 32 个部门、18 个街道的协同)。图 11 展示了城市防涝智治系统建设现场会的情景。

通过对灾害预警信息、气象、水文等数据的收集,以及对市区主要铁路、公路下穿段及低洼地段积水情况进行全天候监控和智能采集,进行城市积

**图 11　城市防涝智治系统建设现场会**

水仿真建模。对不同降雨强度下的城市积水情况进行模拟仿真,对城市积水风险点进行预警,当积水值到达阈值后,将触发报警机制,可以通过微博、浙政钉、短信、智知号等渠道进行预警分发。针对城市防涝智治场景,最终可实现事前有预警、警情能落实、应急响应快、指挥跨平台、处置自动化、安全有保障的能力与效果。

　　拱墅区还组织了线下"闭水试验",验证系统真实的应急响应能力。为了能够更加有效地验证试点应用成效,在省、市数据局及区领导的指导下,区数据局统一安排部署,在拱墅区丽水北路铁路下穿道开展现场演练,对数字化应用及业务处置流程进行实战检验(见图 12、图 13)。

　　在城市治理数据底座的开发建设及具体实施过程中,拱墅区还充分考虑了网络与数据的安全,主要通过以下几点体现:

　　一是严格遵守国家各项法规制度,更高标准进行系统数据安全性建设,打造多位一体的数据安全治理技术体系。系统部署在安全的政务网环境下,在数据安全架构设计上遵守国家法律和监管要求,对公共敏感数据保护高度重视、严格管控,通过一系列技术手段和管控措施确保数据安全。对公共数据的处理使用,严格参照浙江省《DB33/T2351—2021 数字化改革公共数据分类分级指南》进行数据分类分级标准建设,参照公共数据资源目录中的数据安全分级保护基本要求,充分考虑数据聚合、分析、加工等业务场景公共数据的差异化技术控制措施,成熟技术和标准建设体系相融合,建设多位一体、创新融合的数据安全治理技术体系。

**图 12　拱墅区丽水北路铁路下穿道演练概况**

**图 13　拱墅区丽水北路铁路下穿道演练现场**

二是加强数据安全分级分类管理,强化传输通道建设,防范数据安全事件发生。根据数据安全分级原则,识别和判定采集数据的数据级别,对内部和敏感级数据进行标识。对于结构化数据,通过元数据管理系统对相关字段、表、库的敏感属性进行标识,明确记录数据级别、数据来源,用于数据溯源追踪。对于非结构化数据,在数据内容中加入数据级别。在构建传输通道前对两端主体身份进行鉴别和认证,防止非授权访问和调取数据。验证方式包括但不限于用户名/口令、证书等方式。记录数据传输日志,日志内容包括但不限于:数据发送/接收的时间、类型、数量、方式、接收方/发送方。数据传输日志至少保存 6 个月,数据传输涉及的应用系统和承载平台应按最小化原则进行权限分配。禁止以系统管理员权限运行程序。应用系统处理传输数据时,已对其所访问的系统资源作出严格的权限划分和范围界定,防止系统调用未授权的目录或文件等系统资源,防止越权攻击等安全事件的发生。

三是优化数据访问控制策略,确保数据信息安全、方便和透明使用。建立数据的访问控制策略,采取相关访问控制技术进行访问控制,对数据库管理员的访问日志进行记录,记录内容至少包括访问时间、登录账号、登录设备、访问数据、操作类型、影响范围、操作时长、操作成功与否。采用加密存储或数字签名的方式,对在安全计算环境中存储和处理的用户数据进行保密性保护。数据信息保密性安全规范用于保障平台重要业务数据信息的安全传递与处理应用,确保数据信息能够被安全、方便、透明地使用。

# 六、创新举措

## (一)体制机制创新

治理主体由"单一"变"多元"。推动政府内部关系、政府与社会主体关系、社会主体之间关系三个层面"破"和"立",形成主体多元、责任分散、机制合作的城市防涝"云共治体",治理力量从"分散"走向"协同"。实现治涝事件等级的智能化分类,完成政府内部、外部信息的双循环。实现全区多个公共摄像头的一杆一码、一杆一档、杆机关联的智能管理工作,群众可以对全区积水点位进行实时的反映,政府则可基于积水应急处置方案进行险情的快速处置。

### （二）流程业务重塑

业务协同由"离散"变"闭环"。建立"智治防涝系统—区级事件任务流转中心—相关执法人员"的流转链条,实现全流程闭环。让部门从"离散"碎片化管理向全周期"闭环"管理,责任"不清"模糊治理向协同"共治"精准智治转变,实现治理方式、治理手段、处置机制的系统性重塑,解决了全区缺乏有效统筹协调指挥、监督管理考核、群众参与度不足等问题。决策指挥变"中转"为"直达"。预警能力全面提升,问题发现由人工巡查转变为感知设备实时上报,流程处置由人工点对点通知转变为系统自主研判事件风险等级,快速启动不同等级应急预案,实现"数字化"到"自动化"的全面升级,处置流程变"层层流转"为"一键直达",减少预警中间环节及预警时间,提升了事件响应处置能力,实现处置的快速有效。

### （三）数据开放应用

与杭州市"一网统管"实现联动。拱墅区六统一数字基座平台与杭州市物联感知数据平台打通,实现设备、预警数据共享共用。区级防涝设备数据实时上传,市级消防、电梯等物联数据快速接入,结合算法模型大幅提升区县感知能力,打通 110 联动、数字城管等部门事件数据,利用四个平台等系统实现多跨协调联动处置,实现"一网统管"、数据共享共用。

# 七、经验成效或启示

通过系统建设,重塑城市治理业务流程,形成了"政府部门间内循环＋社会面外循环"的多跨协同预警响应体系,完善了"提前预警→实时监测→指挥调度→处置验收"的闭环流程,打造了新时代共建共治共享的社会治理新模式,切实提升了事件识别准确率,节省了路面巡查力量,改善了事件处理结果,提升了预警触发时效,扩大了险情通知范围(从局部区域扩大至全区),缩短了平均处置时间,从而让政府治理效能得到有效提升,群众获得感得到量化。

### (一)从"发现慢"变"早发现"

拱墅区在全区 42 个易积水点位布设 200 个液位监测设备、8 个雨量监测设备,实时感知降雨积水情况,相对传统的人工巡查、肉眼观察,能够做到实时监测早发现,实时追踪准确数据。

### (二)从"预判差"变"早预警"

结合区物联传感平台的实时数据感知能力,以及对历史积水深度、历史雨情信息、污水管网等数据进行采集、建模仿真计算及趋势推演,实现了对未来时间段内各监测点位积水深度的预测,为决策者提供了较为充分的风险预判参考因素,提高了提前排险能力,达到了早预警的目的。

### (三)从"效率低"变"高效率"

改变以人工流转为主、流转审批环节多的传统做法,平台创建了能够及时派发、有效处置、完整闭环的应急任务处置流程与跟踪机制,极大地提高了工作效率。

### (四)从"统筹难"变"高效协同指挥"

系统平台提供了统一、高效的系统指挥调度功能,可以综合统筹跨部门协同作战能力,同时,也充分考虑并运用了社会面、群众面的应急响应能力。基于积水深度的发展趋势,在达到不同预警的级别时,可根据应急预案,开展分级处置,可协调指挥各部门进行现场抢险、人员疏散、预警信息发布等,实现对周边车辆与行人的警示、指挥,以及现场问题的解决。

## 八、发展前景

城市内涝场景在江南地区城市治理中存在普遍性,本项目以拱墅区城市防涝智治场景作为试点,通过做实做深"城市内涝"场景的数字化应用能力,进一步夯实数字孪生数据底座能力,加强内涝场景应用数据标准梳理,持续提升算法模型的精准度,通过项目试点沉淀智能化算法组件,未来能够赋能同类型项目建设,为浙江省乃至全国其他有内涝治理需求的城市或区域提供参考价值。

拱墅区防涝智治系统已通过省级验收,并抽取通用型组件。如城市积水深度仿真推演组件,基于 VAR(向量自回归)模型,通过对历史水位数据、历史积水面积数据、历史排水管网流量数据、地形地势数据等进行建模,综合考虑多种因素对积水的影响,学习历史水位的变化趋势,推演未来一段时间内监测点位的积水深度。

（供稿单位:拱墅区数据资源管理局）

# 数字文化

　　发展数字文化是坚定文化自信、提升国家文化软实力和中华文化影响力的重要举措,数字中国建设要求打造自信繁荣的数字文化。大力发展网络文化,加强优质网络文化产品供给,引导各类平台和广大网民创作生产积极健康、向上向善的网络文化产品。推进文化数字化发展,深入实施国家文化数字化战略,建设国家文化大数据体系,形成中华文化数据库。提升数字文化服务能力,打造若干综合性数字文化展示平台,加快发展新型文化企业、文化业态、文化消费模式。[①]

　　2022年,我国深入实施国家文化数字化战略,数字文化资源不断丰富,公共文化场馆数字化转型取得积极成效,数字文化产业培育壮大,网络文化蓬勃发展,数字文化消费进一步提升,助推文化强国建设迈上新台阶。[②]

---

　　① 人民网.中共中央　国务院印发《数字中国建设整体布局规划》.(2023-02-27)[2023-11-13]
http://politics.people.com.cn/n1/2023/0228/c1001-32632549.html.

　　② 数字中国发展报告(2022年).[2023-11-13].https://cif.mofcom.gov.cn/cif/html.

# "旅游通"应用推进文旅数字化改革

"旅游通"是浙江省文旅厅建设的多跨场景应用,是"数字文化"系统中深化改革突破和驱动制度重塑的重要抓手。"旅游通"聚焦贯通、闭环与联动问题,在破解政府治理与监管难题,推动产业高质量发展和提高民众幸福感等方面初显成效。在"旅游通"不断迭代升级的过程中可以发现:文旅数字化改革需要以一体贯通,优化产业要素资源配置;以体征"智"理,提高行业监管和服务能力;以跨界联动,推动文旅产业价值释放。"旅游通"的进一步迭代、优化和发展,需要做好以下工作:深化贯通机制,让"旅游通"更好地服务于文旅企业和从业者;优化共享机制,以"旅游通"加速推动多主体协同共治;强化消费导向,以"旅游通"提升百姓体验感、幸福感。

## 一、文旅数字化改革背景

2021 年 2 月,浙江启动实施数字化改革,推动"数字浙江"建设进入新阶段。2022 年浙江省数字化改革推进大会决定将数字化改革的"152"体系迭代升级为"1612",新增了数字文化系统,是省委赋予宣传文化战线的重大任务。自数字文化系统正式启动以来,各地各部门紧紧围绕省委部署,聚焦跑道提速度、聚焦主业出成果、聚焦重塑抓改革,取得阶段性成效,形成治理增效、服务提质、基层叫好、群众点赞的良好效果。

文旅业是浙江省七大"万亿产业"之一,是推动经济平稳增长、激发消费新活力的重要引擎。数字文旅消费新业态日益多元,文旅产业的韧性也在数字化转型中日益凸显。文旅产业要实现高质量发展,要重点解决三大问题:

一是结构性的供给不足与愈发多元的旅游需求不匹配。节假日既是出游爆发期,也是矛盾爆发期。浙江省文旅厅监测数据显示,2022 年假日期间游客量是非假日的 5.7 倍,假日差评数是非假日的 4.7 倍,反映出当前浙江省文化旅游产品和服务的供给质量不高、要素配置不合理、资源整合能力不足等问题。二是行业应急处置和新业态的治理能力欠缺。文旅产业市场规则的制定与行业监管涉及诸多部门,"大市场职责"与"小市场权限"的矛盾日益突出,在紧急处理突发事件上,多跨协同的信息共享与资源调度机制尚不完善。同时,旅游新业态的快速迭代(如露营、网络表演)和新领域法律法规系统性不足的双重因素叠加,使得市场监管难度加大。三是文旅融合潜能和价值释放不足。文化事业、文化产业、旅游产业与其他行业的边界尚未完全打破,导致文旅产业对经济发展的综合带动潜力未充分释放,同时,"政府＋企业"双核驱动的互动动力不足。此外,文旅产业为当地增加高质量就业,提供创业创新良好平台和带动当地百姓致富的社会价值也亟待提升。

为扎实推进浙江"数字文化"系统建设,深化改革突破和驱动制度重塑,高效解决当前文旅产业发展存在的问题,省文旅厅打造了多跨场景应用——"旅游通"。时任浙江省委书记袁家军在 2022 年 6 月份的"深化中华文明探源工程"专题学习会上强调:"要在突出数字赋能、活化'浙江符号'上聚焦用力,重点打造'文旅通'(即'旅游通')等应用场景。"经过 10 个月的迭代升级,"旅游通"在破解政府治理与监管难题,推动产业高质量发展和提高民众幸福感等方面初显成效,多项经验具有示范意义。2022 年 10 月,省委改革办(省数改办)、省委政研室、省人大常委会法工委、省市场监管局和省大数据局共同评选出了浙江的 104 项"最佳应用","旅游通"成功入选,成为浙江文旅数字化改革的标杆应用。本案例以"旅游通"为对象,总结浙江文旅产业数字化改革经验,找准问题并提出建议,助力浙江文旅产业更快发展。

## 二、聚焦"贯通、闭环、联动"的文旅数字化改革实践经验

"旅游通"是在假日旅游通、诗画浙江文化和旅游信息服务平台等基础上迭代升级而形成的省级数字化应用场景,各市县结合"旅游通"的整体架

构与地方特色打造了多样化的数字化应用。"旅游通"坚持顶层设计与基层探索相结合,从重大民生需求中谋划切入点,最大程度发挥文旅市场化程度高的优势,构建政府内部和市场侧的深度多跨协同模式,推动政府侧治理体制机制创新、游客侧的高质量产品供给与企业侧精准服务提升,构建面向共同富裕和现代化的新体系。截至 2022 年 8 月底,"旅游通"已联合交通、气象和公安等 14 个厅、局,对接内外部共 30 个系统,协同携程、美团、高德、百度等多家平台企业,紧密结合"平台＋大脑"的顶层设计思想,整合 1 个文旅数据仓,3 大应用场景(政府 E 治、企业 E 用和百姓 E 享)、N 个应用子场景,以"1＋3＋N"的整体架构搭建全省旅游决策"智脑",具体经验总结如下:

一体贯通,优化产业要素资源配置。"旅游通"积极探索平台贯通更高效率、应用贯通更高质量、体制贯通更高水平的路径,赋能文旅产业要素优化配置。平台贯通:基于公共数据服务平台迭代升级打造旅游数据仓,通过统一数据接入、监控与共享的标准,极大地畅通了多部门、多平台间的数据流通渠道,为精准配置资源要素提供数据支撑。应用贯通:创新强化"最佳应用"建设评选,通过以用促用的模式培育一批各地优质创新应用在全省推广,实现"一地先行,全省共享"的互联互通模式。体制贯通:采取省厅统筹设计、市县部门创新协调联动的模式,三级系统各司其职,共同推进基层治理模式的迭代更新,优化资源的配置与调度能力。例如温州瓯海区以"旅游通"为载体打造的"错峰乐游"应用,通过实时获取客流量和门票预订等多维数据,不仅为游客规划假日错峰出游方案、节省等候时间与出游费用,还赋能企业和政府,优化资源配置,形成"平战结合"的现代旅游治理机制。该应用上线后不久非假日游客人数增加 15％,景区内项目排队时长减少 50％以上,成为全省推广与复用的标杆。

体征"智"理,提高行业监管和服务能力。"旅游通"在政府治理端通过建立多重风险预警机制,提高行业监管和精准服务能力。第一,通过监测全省 3A 级以上景区客流量、气象和交通等风险数据,全方位感知和监测景区数字体征。第二,通过开发各类算法模型,对重点场所的疫情风险、旅游新业态风险、信用风险、团队乱象、负面舆情等进行全天候、精准化的智慧研判,找准数智治理一般规律,构建"问题发现—过程管控—量化评价—结果晾晒"的监管闭环机制。第三,通过对旅游资源与服务需求实时监测,将高频、热点需求实时反馈至施策部门,建立"需求发现—资源整合—精准服务—反馈评价"的服务模式,实现服务更精准、游客更满意的目标。如湖州德清开发的"安心游浙山"可实现一键救援、多端响应和一图调度的功能,为旅游安全保驾护航;湖州针对当下的全民露营热开发的"浙里安营"应用,首创"露营一张图"与"监管一件事",让露营经济行稳致远。

跨界联动,综合带动文旅产业价值释放。"旅游通"通过多种途径打破多产融合边界,扩大文旅产业的价值释放。一是将政府管理、服务和引导的合力,企事业单位创新经营的动力和社会组织协调促进的推力有机结合,实现传统产业的创造性转化和创新性发展。如"旅游通"通过对接农业农村厅的农家乐基础数据与省交通运输厅的停车场基础数据,推动旅游和农业、交通相关产业的进一步融合。此外,中国湿地博物馆依托"旅游通"建设的"博悦游"文旅融合新场景,打造"三全"智慧预约、沉浸式剧本游等新方式,找准"文"与"旅"的最佳融合点。二是统筹建设惠民、惠企的数字消费券发放机制,制定线上消费券发放规范与统一路径,建立文旅消费券"发放—监测—反馈"的全流程动态闭环机制。如2022年宁波市积极响应国家号召于春节发放补贴核销金额约300万元的文旅优惠券,吸引超4万名游客留甬过年,在助力新冠疫情防控的同时给予各市场经济主体向好预期。三是最大化发挥数字赋能作用,依托山海协作,推进人才孵化和成果转化,积极探索乡村文旅数字化发展新模式。如嵊泗县搭建旅游大数据中心和旅游资源管理、决策分析、行业监管、综合管控四平台,将数字化改革渗透到机构职能、服务应用和产业发展等各个环节,打造浙江省数字文旅助力探索共同富裕的新样板。

## 三、进一步优化"旅游通",扎实推进数字化改革的建议

在持续迭代的过程中,"旅游通"仍然存在一些问题,主要体现为:一是科学调度水平仍需提高。"旅游通"在假日与非假日间还未能实现资源调度

的平衡与最优,在文化旅游资源运行调度及应急管理上的科学化与精细化还有待提高。二是政府内部数据贯通仍存在障碍。出于数据安全考虑,"旅游通"数据贯通过程仍存在审批繁琐与法规模糊导致的数据滞后性与权责不清等问题。三是未能充分带动文旅产业价值发挥。由于"旅游通"迭代时间较短,其在文旅产品创新与消费促进等方面效果不显著。为进一步优化和推广"旅游通"经验,推进数字化改革扩面提质、行稳致远,提出以下几点建议。

第一,深化贯通机制,让"旅游通"更好地服务于文旅企业和从业者。首先,建议"旅游通"增加纵向跨层级(贯通国家至村社)、横向跨部门(跨文旅、发改、财政等多部门)的企业服务场景,对文旅业、服务业等各类纾困政策进行归集,再通过精准研判企业画像,进行精细分类和动态管理,智能推送政策"精准滴灌"至市场主体,实现企业实时申报、系统实时感知、部门快速审核的"发布—触达—兑现—反馈"闭环。强化预警监测。其次,建议"旅游通"贯通行政区域,以旅游区重新审视产业发展进程,如大莫干山旅游区、三江两岸旅游区、高铁沿线旅游区等,助推多产业融合及泛旅游产业集群模式,加速旅游要素的一体化整合,注重增加供给与科学调度的平衡,加强各地区各平台联动合作,建立互助互补的产业机制,构筑良性产业竞争环境,实现"利民富产"。

第二,优化共享机制,以"旅游通"加速推动多主体协同共治。首先,建议进一步加强部门数据合作以减少数据延迟导致的治理和服务不精准问题。如在数据中枢增加数据报送接口,形成面向产业主体的、多元结构的动态数据采集体系,并同步公安厅、交通厅等重要合作部门数据,简化数据交换步骤,实现多源数据的接收整合、挖掘分析、动态展示,确保数据时效性与预测精准性。其次,建议加快推进与数据相关的立法,落实数据开放规则和规范数据共享流程,同时对现有数据进行分类细化,以立法明确各类数据资源的权利归属与共享范围,明晰数据共享关系中各主体的权利义务关系。再次,省级部门可制定数据共享激励措施,主动公开数据共享渠道,明确数据共享要求,从而消除企业共享顾虑,提高企业信任度。最后,在评估企业需求的基础上出台利好政策,激发企业数据共享的主动性与积极性,规范化、体系化统筹数据，形成常态化、长效化的数据更新机制，形成政府、社会和企业等多主体协同联动的协作模式。

第三，强化消费导向，以"旅游通"提升百姓体验感、幸福感。全国居民文化和旅游需求仍存在较大的提振空间。首先，建议"旅游通"积极探索适应新时代的文旅消费机制，如智能消费、低碳消费等，推动"百县千碗"等文化和旅游消费活动的线下线上融合转化，在数字经济惠民、数字文旅体验升级和数字文创产品等方面寻求突破，结合虚实映射的数字新手段识别文旅高频需求场景和关键难题，让"旅游通"的服务触手可及。其次，建议创新适应数字经济时代的文旅产品供给。用深度数字化、智能化技术穿透文旅消费场景，加速文旅产品的成本降低、效率提升与创新涌现；进一步鼓励企业最大限度利用数字资源，以文化创意、科技创新催生文旅产业新发展动能，充分释放数字经济对文旅消费的促进作用，如推动数字典藏、数字盲盒等文化创意衍生品的开发，助力文旅消费回暖。

（供稿：浙江数字化发展与治理研究中心、浙大城市学院国际文化旅游学院，吕佳颖；浙江大学管理学院旅游与酒店管理学系，李瑶；浙江数字化发展与治理研究中心、浙江大学管理学院，陈川）

# 新华智云数字文化复合型平台建设与应用赋万物为媒

2022 年,文化数字化建设从工程项目上升为国家战略,推进文化领域数字化改革已成为中央和地方的重要任务。作为全国数字经济强省,浙江也将"数字文化"这一全新赛道增加至数字化改革板块。新华智云作为国家级科技企业,以"赋万物为媒"为使命和愿景,集成各类技术产品,打造了适应不同文化场景的复合型平台应用,通过建设数字化展馆,打造上百种数字交互体验场景;搭建数据与生产平台,关联与传播中华文化资源;构建宋韵文化系列知识图谱,赓续中华传统文化;推出海外传播平台,助力中国故事走向世界等系列数字化做法,在浙江杭州、宁波、温州、绍兴等多地展开文化数字化实践,并取得良好成效。

## 一、背 景

### (一)政策背景

2022 年,中央和省委、省政府高度重视文化产业发展,文化数字化已从工程项目上升为国家战略。2022 年 5 月,中共中央办公厅、国务院办公厅印发《关于推进实施国家文化数字化战略的意见》,明确到"十四五"时期末,基本建成文化数字化基础设施和服务平台,形成线上线下融合互动、立体覆盖的文化服务供给体系,实现中华文化全景呈现。2022 年 8 月,中共中央办公厅、国务院办公厅印发《"十四五"文化发展规划》,进一步指出要建设国家文化大数据体系;加快文化产业数字化布局,推动文化产业高质量发展。

2022 年 2 月,在浙江省数字化改革推进大会上,时任浙江省委书记袁家军强调,要迭代升级数字化改革体系架构,整合形成"1612"体系架构,在原来党建统领整体智治、数字政府、数字经济、数字社会和数字法治的基础上，增加"数字文化"赛道，全面推进全省文化和旅游系统数字化改革工作成为浙江省数字化改革的又一重要目标。

## （二）技术背景

新华智云是由新华社控股的国家级数字文化科技企业，是中宣部文改办确定的首批国有文化股权激励试点单位之一，科技部和中宣部联合授予的媒体融合国家重点实验室组建单位，国家高新技术企业。

新华智云拥有文化内容生产技术专利 170 项，承担科技部 2021 年国家重点研发计划"文化科技与现代服务业"重点专项。曾荣获王选新闻科学技术奖一等奖等多项国家和省级荣誉，在诸如国际计算机视觉顶级赛事 ICCV（International Conference on Computer Vision，计算机视觉国际大会）、ICPR（International Conference on Pattern Recognition，国际模式识别大会）上斩获冠军。截至 2022 年 7 月底，服务全国文化机构超过 2400 家。

新华智云以"赋万物为媒"为使命和愿景，于 2017 年底推出了全国首个媒体人工智能平台——媒体大脑，在学界业界引起轰动，媒体大脑在内容的采集、生产、分发、审核等多个流程中发挥重要作用，极大提升了传统媒体的内容生产效率，助力推动媒体融合向纵深发展。

在媒体大脑的基础上，新华智云又紧跟时代，自主研发各类技术产品，打造了适应不同文化场景的复合型平台应用。如：为让机器理解内容，新华智云搭建起业内领先的中文媒体知识图谱；为让机器更好地识别内容，新华智云自研了多种算法，特别针对视频场景，在计算机视觉领域达到国际领先水准；在机器理解、识别内容的基础上，新华智云又结合不同行业的需求，自主研发了针对媒体、文化旅游、出版等一系列行业的应用平台：媒体大脑、文旅智能传播平台和出版大脑。

2022 年 8 月，新华智云还针对数字文化，推出全国首个数字文化操作系统。

经过几年技术的积累和沉淀，新华智云在数字文化领域已具有较强的技术实力，尤其是在文化内容的采集、生产和分发领域，已形成针对文旅行业的全面的服务流程。

## 二、主要做法

### （一）文艺惠民：建设数字化展馆，打造上百种数字交互体验场景

如何让文化为大众，尤其是年轻人所喜爱和接受，是新华智云在实践文化数字化中首要考虑的问题之一。2021 年起，新华智云开始建设数字化展馆，希望用文化与科技的交汇、现代与古老的交融，解码文化基因、探寻文化根脉、展现文化底蕴，为浙江省的文化新气象、新格局，注入科技和时代的"云上"新力量。2021 年，新华智云在浙江省内共合作建成 8 座融汇文化与科技的数字化展馆，展馆坐落于绍兴、杭州、温州、宁波、台州等多座极具文化底蕴的城市，并已成为当地小有名气的"文化新地标"。

相较于传统线下的文化展馆，新华智云建设的数字化展馆是活态的、在线的、可互动的。每一座数字化展馆内所呈现的文化内容，均依托新华智云强大的文化大数据平台。文化大数据平台可以从千万级复杂的文化资源中快速梳理出与当地相关的文化内容。在富春山居·数字诗路文化体验馆内，新华智云基于富阳文化大数据平台，从近百万首诗词中梳理出有关富阳的 1149 首诗歌，对这些诗词打上人物、地点、时间、年龄等标签，共梳理出 651 位名人、1236 个地点和典故标签，以及 985 组关系数据，形成了一幅富阳"人地时物诗"数据图卷，富阳文化得以一目了然；在台州府城·数字诗路文化体验馆内，新华智云通过文化大数据平台，围绕钱氏家族挖掘出自钱镠太祖钱硕亹起，历 20 世、110 人、340 组人物关系和 482 首诗，再通过数据可视化技术，文化内容以"吴越第一世家"数字展项得以呈现出来，静态的文化在技术的加持下，真正活了起来。

每一座数字化展馆的内容都是可在线更新与迭代的。基于新华智云OS（Operating System，操作系统）的数字化展馆，每个数字化展项都像一个 APP。管理者不仅可以了解到每个展项的游客欢迎程度、互动情况，而且可以通过后台直接更新、升级数字内容。每个展馆内都打造了不同文化内容的数字展项，而数字展项本身也赋予了文化更多的展现形式。通过文

化大数据平台充分挖掘建馆相关文化资源后,再综合运用 AI 短视频智能生产、AR(Augmented Reality)、全息投影、云上展馆等最新互动科技,新华智云共打造了上百种数字交互场景,让束之高阁的典籍、曲高和寡的先贤、一脉相承的文脉,"动"起来、"活"起来、聚合起来。如"挑战诗人"展项,游客可跨越古今与古代诗人一起吟诗作词;如"人如古画"展项,游客可以穿越到动态的古画中,与古画中的山水动物互动;如"三国剧场"展项,游客可以参与到三国剧场中,了解三国文化……类似的数字互动场景给予了游客更多的文化想象空间。

### (二)文创发展:搭建数据平台与生产平台,关联与传播文化

在当今数字化浪潮中,作为文化生产与传播重要形式之一的文创产品,如何拥抱新技术,快速实现"数字＋文化"的融合发展? 新华智云通过搭建文化大数据平台,最大限度地将文化挖掘出来、关联起来,通过丰富的文化新内容吸引并留住游客;通过搭建短视频智能生产平台,从创意出发,游客可以拿走属于自己的个性化文创短视频,并将这份文化记忆分享给其他人。

1. 文化大数据平台

文化大数据平台是新华智云针对数字文化场景搭建的技术集成平台。围绕国家文化大数据体系和国家文化数字化战略,汇集各类名人、事件、地理、风物、非遗、文物、典籍、民俗、戏曲等海量数据,实现人、事、地、物、文之间的贯通,真正从根源上实现以文促旅、以旅彰文。在此基础上,该平台还可以针对不同的文化主题,重点围绕中华优秀传统文化、革命文化和社会主义先进文化,进行数据的归集和整理,形成针对当地的人、地、物、诗等文化内容的知识图谱,并输出可支撑上层的各类可视化文化内容。

2022 年,文化大数据平台已采集超过 44 万个文化人物、超过 2.5 万个文化地点、超过 96 万首诗歌和绘画作品、1000 多种风物特产,以及超 180 万个文化元素之间的关联和关系。

除此之外,文化大数据平台还可以与一系列数字互动展项相连。每一个个数字互动展项,都是对文化新的诠释和呈现。游客与展项之间的互动,就是游客与文化之间的交流。通过新华智云自研的短视频智能生产平台,

游客可以带走个人专属、独具文化特色的数字文创产品。当游客传播这些数字文创产品时,文化也得以传播,"人人都是文化传播者"就在游客们一次次的分享中实现了。

对于文旅机构的管理者而言,了解和掌握游客的文化偏好与数据画像,是精准提升景区/展馆内容的重要前提。文化大数据平台可以根据游客互动和分享的数据,实现游客与景区、展项之间的精准匹配,还可以根据游客的数据反馈不断改进升级文旅消费内容,从而实现数字化管理。

文化大数据平台作为重要组成部分已在富阳、柯桥、宁海、临海等文化诗路项目中落地,为众多的文旅展馆和展项提供数据支撑,如潘天寿朋友圈、徐霞客行迹图、永嘉学派人物图谱等。而新华智云相关成果"宋韵知识图谱及其在数字化展馆中的应用",也获得了浙江省文旅厅课题立项。

2.短视频智能生产平台

短视频智能生产平台,是基于新华智云独有的 MGC(Machine-generated Content,机器生产内容)短视频智能生产技术,实现自动拍摄、云端剪辑、秒级生成各类短视频的集成应用平台。通过结合不同的软硬件设备,平台可提供风景延时、游客游玩、数据文化等类型的视频内容服务。该平台贯穿在数字展馆和数字展项中。

比如游客在景区拍摄点时,通过指引完成拍摄动作,该设备将完成自动拍摄、自动剪辑,秒级自动生成专属每位游客的景区游玩大片。视频不仅包含游客个人画面、景区宣传片画面,还有当地相关文化元素。当游客分享自己的短视频时,也间接为景区做了宣传。比如一录 360 环拍,基于人工智能、短视频智能生产、智能模板等数字技术,结合自研镜头和人造场景,可以自动采集、自动处理、自动生成体验者的互动短视频,快速实现明星 360 度视频效果。简单扫码,视频即可下载、保存并传播。2022 年,短视频智能生产平台已经在超过 260 个景区落地,包括良渚国家遗址公园、滕王阁、庐山等。

**(三)文脉传承:构建宋韵文化系列知识图谱,赓续中华传统文化**

浙江正从思想、制度、经济、社会、百姓生活、文学艺术等方面,全面立体研究阐述宋韵文化。此外,浙江正在打造一批彰显宋韵文化、具有浙江气派的地标建筑,打造面向世界、面向未来、面向大众、面向现在的宋韵文化传承展示中心。

新华智云创新文化和旅游融合方法,充分发挥自身优势,应用人工智能技术,结合"融媒体＋"方法论,利用媒介工具和能力,打造以游客为中心、以短视频为交互方式的各大平台,并赋能文化场馆的数字化建设。

在文化内容层面,新华智云收集和校验宋韵相关内容数据,并对其进行结构化处理,通过语义理解、实体识别和链接,将文化元素进行多维度关联,构建专题图谱,形成一张内容丰富的多核心知识网络;在数据链路层面,收集宋韵文化内容数据,建立多核心、可扩展知识图谱,并围绕知识图谱建立新闻媒资链路,让文化知识图谱拥有更高的数据维度;在数据落地层面,以宋韵文化知识图谱为基石,将其打造成有趣、新颖的文旅互动展项,通过短视频智能生产平台进行有效传播。

自 2021 年起,新华智云构建的宋韵文化知识图谱已在温州、台州等地有应用案例。比如位于温州的永嘉学派馆,深入挖掘永嘉学派人物关系,2022 年,从海量文史数据中,梳理出温州籍历史人物 1989 人、人物关系数据 2957 组,设置了学派朋友圈、学派源流图、人物关系图谱等精彩数据展项;打造了一批基于永嘉学派知识图谱的数字化设备,如学派问答、推开世界的门、沉浸式投影、八面锋数字剧场等,将永嘉学派的思想和实践变得可听、可看、可体验,让游客切身近距离感受永嘉学派的思与行。与此同时,馆内将永嘉学派文化与温州文旅景点关联,真正践行文旅融合。

比如位于台州的台州府城·诗路文化体验馆,依托新华智云"台州府城文旅大数据平台",以临海历代诗词为经纬,借助数字技术,挖掘了与临海相关的诗歌和图像资料,旨在展示临海多元包容、崇文厚德的诗路文化气象,赓续临海鲜活的历史记忆。其中,名门府邸展项围绕钱氏家族,自钱镠太祖钱硕亶起,历 20 世、110 人,有 340 组人物关系、482 首诗。

### (四)融媒传播:推出海外传播平台,助力中国故事走向世界

新华智云海外传播平台,汇聚了各类现有媒资素材,基于人工加机器大

规模实时采集的优质国际传播素材,通过短视频智能生产平台更快地生产出适合外宣的优质内容,助力融媒国际传播"中国故事",推进中国影视精品走出去,讲好中国故事,形成层次清晰、点面结合、辐射全球的国际传播格局。

在哈尔滨,依托其独特城市文化底蕴与特色,平台通过大数据和 AI 赋能,打造国际网红城市,提升哈尔滨面向海外互联网媒体和新媒体的内容生产能力与质量,不断提高哈尔滨海外宣传的覆盖面与到达率,真实、立体、全面地展现包容、开放、艺术的哈尔滨国际形象。

在成都,"pandaful 熊猫社区"利用平台生成系列短视频,持续关注我国圈养和野生大熊猫,并在海内外八大平台形成传播矩阵,其中 2022 年 Facebook 平台的粉丝量已突破 110 万,精准发力海外传播,展示了熊猫这张中国文化的靓丽名片。

# 三、经 验 启 示

文化数字化的根本目标是通过现代技术手段,让高深的文化得以通俗化传播,从而助力实现中华文化的伟大复兴。因此,新华智云围绕"如何让高深的文化变成人人可以理解的文化"这一议题,从文化资源采集、文化资源生产和文化资源服务三个方面出发,盘活文化资源,服务文化生产与传播,助力文化和旅游产业实现数字化升级。

## (一)要打通数据孤岛,实现文化共享

当前,数据作为数字经济的"石油",在我国尤其是浙江这样的数字经济强省中发挥着重要的作用。而在这海量丰富的数据资源中,文化资源占比极高,其在建设文化强省中的重要地位也日益凸显。但同时,各地文化资源管理意识薄弱,文化资源极度独立、分散,数据不全、缺失等问题也日益暴露,成为制约数字经济发展的关键障碍。因此,我们应该意识到打通数据孤岛,实现文化共享是实现文化数字化的首要前提。

新华智云从文化资源采集出发,为的就是发挥数据要素价值,通过建立

开放、共享的大数据平台,实现文化资源的连接、打通和流动。文化资源采集的目的是建立联系。新华智云文化大数据平台最大的特点,就是会建立文化联系,发现文化故事。文化大数据平台能够打破数据孤岛,关联相关数据,丰富数据维度,形成可联动的文化数据库,从而充分释放大数据价值,实现文化资源数据的共享。

为确保文化大数据平台中文化数据的准确性、全面性和丰富性,新华智云还汇聚学界业界文化专家一起就当地文化展开讨论和审核,从而最大限度地保护和传承我国优秀的传统文化资源。

### (二)要增强文化与"人"的黏性

过去,古代典籍、历史文物、文明遗址等文化资源之所以让大部分人觉得"高深"和"枯燥",最重要的两个原因是:"离"人太远,"离"普通人的生活太远;难懂。因为"远"和"难",导致大部分人难以对其产生共鸣。因此,传统文化只有走进寻常百姓家,增强与"人"的黏性,才能让人充分欣赏和理解其魅力,实现共生共长。

新华智云在实践文化数字化的过程中,始终把建立人与文化的联系、增强人与文化的联系,放在重要位置,尤其在文化生产与文化传播阶段。文化资源采集完成后,便进入了生产环节。那么,文化生产又如何与人建立联系呢?

首先,新华智云通过打造大批数字互动展项,如"挑战诗人""一录360环拍""一录微影棚""像徐渭一样画画"等,将文化挖掘和采集到的文化资源,用有趣好玩的数字化形式呈现出来,让"人"在体验的过程中将文化收藏于心。

其次,新华智云在每个数字展项的背后,引进自主研发的 MGC 短视频智能生产技术,它就像一条自动化生产流水线。每个参观的游客,在体验完展项后,都能即时获得一段属于自己的体验时的文化记忆短视频,并可以实时保存下载和分享,将"文化"带走。新华智云通过这种寓教于乐的方式,让传统文化变得轻松有趣起来,让那些遥远的传统文化不再只与古人、学者、专家相关,而是与每一个普通人相关。

### （三）文化传播需要数字化运营

文化数字化后的最终目的是传播，只有通过文化传播，文化资源的价值才能实现最大化。当今文化传播的手段日新月异，一部智能手机，一个社交平台，就可以让本鲜为人知的文化成为爆款，而这自然离不开运营。但如此庞大的文化资源，又如何能低成本、高效率地实现运营呢？答案显而易见——数字化。

新华智云在文化资源服务方面，采用的正是数字化运营。无论是景区、数字化展馆，还是每一个单独的数字互动展项，其背后都有一个统一的操作后台。这个后台可以提供异地软件切换、主题切换等多种数字运营手段，一键管理多个景区、多个展馆、多台设备，同时它还可以实时分析游客参观数据与偏好，做到内容因人而异、因时而变，常看常新，大大减轻了人力和时间成本的压力，为景区和展馆提供了一键服务、一人运营的高效运营模式。

（供稿：新华智云科技有限公司，叶健、周明明）

# 适老服务弥"鸿沟" 便民惠民提效能

科技在改变生活的同时，也在形塑旅游的未来。5G、人工智能、大数据、机器翻译和无接触服务等数字化手段从根本上颠覆了传统的旅游服务方式，高品质的场景营造和内容创造成为新时代旅游服务升级的全新动能。通过数字的多链融合与服务场景叠加应用，杭州在全国率先建设推出"20秒入园""30秒入住"等应用场景，以数字化为手段重塑游客体验流程，同时通过"数据线上跑、游客线下游"的服务形态，打通各部门数据，减少老年群体亮码核验等环节，将传统的"面对面"服务升级成为"键对键"服务，探索了数字提升公共服务效能的新路径。本案例总结了杭州市数字文旅适老服务实践经验，并就进一步推进文旅服务适老化改造提出了切实可行的建议。

## 一、背 景

依照联合国《人口老龄化及其社会经济后果》划分标准，我国已于1999年进入老龄社会，是较早进入老龄社会的发展中国家之一。人口数据显示，2021年我国65岁及以上老年人口达到2亿人，占总人口的14.2%。这标志着我国进入深度老龄化社会，老龄事业和老龄服务面临巨大挑战。中国互联网络信息中心历年发布的《中国互联网络发展状况统计报告》显示，我国互联网普及率稳步上升，老年网民规模迅速扩大，截至2021年12月，60岁及以上网民占比达到11.5%。数字技术渗透到生活的方方面面，数字技术应用和服务正构建起老年社会的新形态。

科技变革带来的数字化遭遇社会结构的老龄化，不可避免地产生了诸多影响和问题。2021年，《中华人民共和国国民经济和社会发展第十四个五年规划和2035年远景目标纲要》提出，"实施积极应对人口老龄化国家战略""开发适老化技术和产品，培育智慧养老等新业态""让发展成果更多更公平惠及全体人民，不断增强人民群众获得感、幸福感、安全感"。文化和旅游是典型的"幸福产业"和"大健康产业"，旅游日益成为小康生活的刚需、美好生活的必需、品质生活的标配，对于促进老年人的身心健康，提升老年人休闲生活质量具有重要意义。经济发展、科技进步及健康中国行动的实施，使我国主要健康指标均高于中高收入的国家，人均预期寿命提高到了 78.2岁。退休年龄到这个年龄的过渡阶段，被称为"第三年龄"。处于"第三年龄"的老年人闲暇时间相对充足，资金相对充裕，有很好的参与文化和旅游活动的基础。随着互联网的普及和数字技术的发展，以数字内容为核心的文旅数字化产业异军突起，5G、移动通信、大数据、人工智能、区块链、元宇宙等数字技术在文化和旅游行业的运用，为老年人参与文化和旅游活动提供了新思路，网络直播、短视频、云看展、云旅游等文化和旅游线上服务，为老年人的休闲生活带来了不一样的体验，对促进老年人"老有所学""老有所乐""老有所为"具有积极推动作用。如何让文旅数字化助力实现积极老龄化、健康老龄化，已经成为亟须回答好的现实课题。

## 二、杭州数字文旅适老化服务实践

杭州作为"全国数字经济第一城"，以西湖、西溪景区一体化保护和管理为契机，着力解决老年人因运用智能技术困难，导致进入旅游景区以及酒店入住过程繁琐等问题，让广大老年人更好地适应并融入数字旅游，共享数字化发展成果，具体经验总结如下。

### （一）传统服务与智能创新相结合

后疫情时代下，旅游消费行为发生变化，"预约、限量、错峰、有序"成为常态。聚焦老年人在景区游览方面高频事项和服务场景，杭州主要景区均设置"老年人服务专属窗口"，在充分保障个人信息安全前提下，通过身份证读取，一个步骤实现实名验证和刷卡通行双服务，简化预约流程便捷入园，同时可通过现金、网络支付等多种手段付款，取票后直接刷票入园，从而便利老年人通行，截至 2022 年 10 月，包括西湖、西溪湿地等在内的 20 多个核心景点已经实现了70周岁以上老年人的便捷入园,显著提升老年人的获得感、幸福感。此外,在景区全面推广移动支付的同时,保留传统预约方式、允许他人代为预约、保留一定免预约名额、保留传统登记方式并增加专属引导员、志愿者服务,全程协助老年人群预约、购票或刷身份证件,减少在检票口滞留的可能,提高有序入园能力,通过做好信息引导等措施,确保各项传统服务兜底保障到位。

### (二)普遍适用与分类推进相结合

在具有普遍适用性的智慧旅游典型场景中,杭州致力于帮助老年人跨越"数字鸿沟","20秒入园"场景改变了传统的服务流程和服务模式,缩短了买票检票等候时间,为老年游客带来高品质的旅游体验;"30秒入住"场景通过杭州城市大脑的支持实现酒店管理系统、公安登记系统和在线预订平台等多个系统的数据协同,为运用智能技术有困难的老年人快速办理登记入住;在公众号和小程序等信息发布渠道适当放大字体,从细节上增加便利性,减少老年人咨询的次数。

同时,杭州也致力于其他分类场景智慧服务的适老化改造,措施包括:运用GIS、智能视频监控等技术在景区重要游览点和事故易发地做好针对老年人的实时安全监测,及时发现和有效处置各类安全隐患,并完善医疗急救保障体系;运用VR、全息投影等技术等虚拟旅游功能实现景区和博物馆实体资源的数字化,满足老年游客身临其境感受全景的需求并丰富现场体验效果;设计更多与老年游客适配的医养、康养、生态农业与休闲旅游产品,并通过智慧营销系统精准推送相关信息,充分释放养老服务消费能力。

### (三)线上服务与线下渠道相结合

文旅服务要在线上突出人性化,充分考虑老年人习惯,便利老年人使用;线下渠道进一步优化流程、简化手续,不断改善老年人服务体验,与线上服务融合发展、互为补充,有效发挥兜底保障作用。例如重构了公园卡的线上办理服务流程,打破浪费游客时间的阻碍,推动老年人在文化和旅游领域享受的智能化服务水平显著提升、便捷性不断提高,线上线下服务更加高效协同。此外,在开展线上语音讲解服务的同时,杭州也致力于加强景区线下讲解服务团队建设,布设线下讲解专门梯队,通过"你帮我带"的形式,培养一批景区优秀讲解员,在景点、场馆、微笑亭、党群服务驿站等场所,对老年人提供线下讲解服务,为老年人景区游玩活动提供便捷服务。

数字化只是手段,满足人民对美好生活的需求才是目的。下一步,杭州将围绕老年人在景区游览、出行入住等方面高频事项和服务场景,进一步推动落实文化和旅游部关于提供更多适老化智能产品和服务的要求,切实保障老年人群体的旅游权益,实现公共服务"一个都不能少"。一是推进纸质健康证明购票系统建设,最大程度为老年人参观游览提供便利;二是开展"一码通"建设,实现各类入园码、交通码、预约码的整合,真正做到"一码通行",提供更加便捷的数字服务;三是对引导和发布屏进行适老化改造,如放大字体、简化操作等方式方便老年人使用,为老年人提供更加便捷的出行引导服务;四是落实智慧公厕服务提升,加大适老化产品铺设和无障碍厕所的推广,如厕所空余坑位的实时显示、厕纸不用扫码一按出纸等,真正将公共服务的便利与温暖惠及包括老年群体在内的每一位来杭游客。

## 三、进一步推进文旅服务适老化改造的建议

第一,重构传统游览方式,开拓无边界文化空间。随着物质生活水平的提高,老年人的精神文化需求与日俱增,"老有所学"成为老年人与新时代相连的纽带,其中公共文化场馆发挥着不可替代的作用。然而老年人身体状况等社会环境及个人因素给老年人进入公共文化场馆带来了一定的障碍。"元宇宙"能够重构传统游览方式,克服时间和空间局限性,创造无处不在的多维数字文化空间,为老年人进入公共文化场所,进而扩大公共文化服务影响力提供了新方式。可以依托国家公共文化云平台,通过 3D 建模、AR 增强现实、数字孪生等技术,整合公共文化场所资源,打造一个及时更新、可持续、可交互的元宇宙多人在线展厅。推出涵盖图书、音乐、文博等领域的展览馆,最大程度上提高在线展示的真实度,开拓无边界的文化空间,让老年人可以在虚拟展厅里,克服空间的局限性与其亲朋紧密联系。根据不同地

方的文化特色,建立具有地域特色的数字文化资源库,推出特色展厅,讲好文化故事,让元宇宙云展厅成为有互动、有知识的线上文化传播渠道,给老年人带来能够全身心投入的沉浸式体验。还可以在其中开展在线老年课堂,提供书法、戏曲、摄影等丰富的线上课程,为老年人丰富精神生活提供便利。

第二,匹配旅游场景需求,提供个性化文旅服务。相较于年轻游客,老年群体在体力精力方面存在局限性,在参与文化和旅游活动时对天气、交通状况等会更加关注,在服务方面更注重深度体验和品质享受。场景感知技术、大数据分析是匹配老年人需求和旅游场景的重要基础,也是为老年人提供个性化文旅服务的主要抓手。可通过对老年人的人口学信息、人机交互记录以及对文旅数字化平台的操作等信息的分析,建立老年游客用户画像,精准挖掘老年人的需求。引入"双边匹配"理论,将旅游景区服务和老年用户期望同时纳入考虑范围,提出相关匹配指标描述以及满意度计算方法,对两类主体进行智能匹配。同时,利用场景感知技术,基于老年人的喜好、期望以及他们自身的状况信息,在推荐系统中为老年游客提供针对性的文旅服务,如基于天气和季节的特色线路规划,基于身体健康状况和旅游景区特点的康养旅游产品推荐,基于天气和交通状况的突发事件风险提醒等,提高老年旅游服务质量,增加符合老年人需求的个性化产品和服务有效供给,更好地实现"老有所乐"。

第三,增强老年人社会参与,构建创新型文化传播模式。社会参与是积极老龄化的精髓与核心,老年人知识积累多,对城市历史和传统文化更加了解,愿意分享自己的知识,向社会贡献自己的余热,是很好的传统文化知识传播者。将"老有所为"同文旅数字化结合起来,对老年人熟悉的领域进行数字化、数据化改造,建立文旅行业老年人才信息库,为老年人提供职业介绍、数字技能培训等服务指导,使有意愿、有能力的老年人有机会参与到文旅数字化的工作中来。而网络直播、短视频等社交平台,为老年人口述历史、传承文化提供了灵活的传播模式;通过口述革命文化,把丰富、厚重的历史以视频的方式呈现,让革命者的生命史超越文本局限,吸引更多的年轻人关注红色旅游;非遗传承人可以分享自己的作品,传承工匠精神,呼吁更多人参与非遗保护工作；文旅专家可以分享自己的专业知识，让人们更了解自己城市的历史和文化。有效利用好现有的信息技术手段和老年人的经验智慧，能够帮助老年人融入社会，发挥余热，积极融入文旅数字化场景，"乐"享晚年。

（供稿：浙江大学管理学院旅游与酒店管理学系，王雪羽；杭州市文化和旅游发展中心、杭州市旅游经济实验室，周围；浙大城市学院国际文化旅游学院、浙江数字化发展与治理研究中心，吕佳颖）

# 数字社会

    建设数字社会是保障和改善民生、扎实推进共同富裕的有效路径,数字中国建设要求构建普惠便捷的数字社会。促进数字公共服务普惠化,大力实施国家教育数字化战略行动,完善国家智慧教育平台,发展数字健康,规范互联网诊疗和互联网医院发展。推进数字社会治理精准化,深入实施数字乡村发展行动,以数字化赋能乡村产业发展、乡村建设和乡村治理。普及数字生活智能化,打造智慧便民生活圈、新型数字消费业态、面向未来的智能化沉浸式服务体验。[①]

    截至 2022 年底,我国网民规模达到 10.67 亿人,较去年同期增长 3549 万人,互联网普及率达 75.6%。国家教育数字化战略行动全面实施,数字健康加速发展,社保、就业等领域数字化服务水平不断提升,智慧城市和数字乡村建设深入推进,全民数字素养与技能提升行动取得积极成效,适老化、无障碍改造迈上新台阶,数字社会发展更加均衡包容。[②]

---

① 人民网. 中共中央　国务院印发《数字中国建设整体布局规划》. (2023-02-27)[2023-11-13] http://politics.people.com.cn/n1/2023/0228/c1001-32632549.html.
② 数字中国发展报告(2022 年).[2023-11-13]. https://cif.mofcom.gov.cn/cif/html.

# "数智山海"医疗服务协作网实现"三位一体"对口帮扶

浙江大学医学院附属第二医院（以下简称浙大二院）聚焦补齐山区海岛县医疗服务短板，探索"'数智山海'医疗协作"应用，通过引入 5G 等新技术、整合优质医疗资源、优化远程协作模式，打造线上线下联动一体的数字化医疗服务协作网，向对口地区开展医疗、服务、管理"三位一体"精准帮扶，有效满足基层群众的健康诊疗需求和基层医院的发展需求。

## 一、需求分析

山区海岛区域内医疗服务主要存在以下问题：一是优质医疗资源供给不足。山区海岛地区是浙江省医疗资源的"洼地"，每千人口床位数、每千人口医生数、每千人口护士数等医疗资源指标均低于全省平均水平，医疗资源总量无法满足实际需求。二是区域医疗服务能力不均。山区海岛区域内高水平人才、高标准服务显著不足，专科技术能力受限、医疗服务同质化不够，专家不专、护理不强、医技不精导致群众对区域内医疗服务认可度和信任度不高。三是多样化医疗服务举措不强。满足百姓差异化医疗服务需求措施不强，慢病管理、居家护理等新型需求渐长，家门口就医"最后一公里"难题亟须破解。四是医疗机构运行效率不高。山区海岛区域内医院管理较为粗放，数字化手段相对缺乏，管理制度相对落后，区域协同机制也不够顺畅，还存在"服务壁垒""数据孤岛"的现象。因此，亟须建立一套智能、高效的远程医疗协作帮扶体系，通过数字化手段让山区海岛群众也能共享高质量医疗卫生服务。

# 二、创新举措

## (一)构筑完整的"5G 数字生命链"

围绕院前急救、远程医疗等场景中对医疗信息和资源的互联互通、快速传递、实时共享需求,克服传统通信网络表现不佳甚至出现中断的问题,浙大二院自 2018 年起率先探索 5G、AI、VR、机器人、无人机、物联网等技术在医疗垂直领域的深度融合,依托高速率、大带宽、低时延的 5G 网络连通远程超声机械臂、重症监护仪等硬件设施和医疗软件、音视频媒介、可穿戴设备等各类工具,完成多个全国"第一个"5G 智慧医疗场景建设,包括首例 5G 远程超声实测、首辆 5G 救护车改造、首辆大型 5G 移动急救复苏单元、首次 5G 急救道路实战演练、首个 5G 智能化 ICU 示范单元、首条无人机送血专用航线、首个 5G 数字化神经外科空中手术室、首个 5G 数字流动眼科医院、首创 eICU 远程托管模式等。其中,首辆大型 5G 移动急救复苏单元也是全球首创,该辆车以大型公交为载体,集成最先进的急救理念、技术和设备,并与 5G 技术深度融合。这不仅仅实现了无时差、智能化的隔空远程生命数据传递、医疗物资运输、远程手术操控、智能实时监测、家属远程探视等,更重要的是实现区域内协同救治效应,将患者生命健康和救治置于最高优先级,在新冠疫情防控、危重患者救治、大型公共卫生保障等重大救治实践中都经受住了考验、发挥了重要作用,将优质医疗资源和诊疗经验高效推广到基层,加速了当地医院学科和医师队伍的成长。

## (二)实现"互联网医院"线上全周期服务

首创国际四级远程会诊、eICU 远程托管服务,开展常态化、门诊化、大众化的远程会诊服务,对重症患者在线查房、实时监护、联合会诊。打造线上日间智慧中心、内镜中心、区域影像平台、数字病理云平台、健康管理中心、双向转诊通道等服务平台,做精做细线上诊疗、在线续方、自助检验开单、院后康复随访等服务。创新四级联动护理服务模式,满足居家康复个性化护理需求,实现"诊前—诊中—诊后"一站式互联网医疗全周期服务,让百姓足不出县就能便利地享受到省级大医院的优质服务。

### (三)开拓"互联网＋特需服务"

一是探索专病服务"高速通道",如行驶了 20 余年的"汽车眼科医院"在 5G 技术加持下,首创 5G 数字流动眼科医院,搭载 5G 眼科显微镜、VR 和高清音视频互动等设备,满足眼科专家远程浸润式诊疗、医疗数据的实时传输、AI 辅助精准诊断等现实需求,与县级医院手术室、病房及基层卫生院全面连通,通过远程诊疗、手术指导、健康宣教等服务,将"光明"送到偏远地区患者家门口。医院还将围绕脑卒中、代谢病等慢病管理,探索线上"菜单式"的专病服务。二是探索特殊人群的量身服务,如开发全国首个公立互联网医院双语小程序,支持英文场景的挂号、缴费、咨询等,满足外籍人士的线上线下就医服务需求,为亚运会提供医疗保障支持,让世界见证重要窗口下"数智浙江"的魅力。

### (四)推动"数智山海"医疗服务同质化

一是提炼"浙大二院协作医院集团—杭州共识",与协作医院携手打造智慧型高质量协作医院集团,为基层百姓提供同质化数字医疗服务,在卫生领域高水平展现浙江省数字化改革成果。二是建章立制,建立远程会诊服务、eICU 远程托管服务、四级联动护理服务等多项制度,规范"网上医院"全周期服务流程和标准,制定线上服务平台的数据传输标准及平台管理规范等。三是搭建标准化培训平台,构建多类别、个性化、菜单式课程体系,录制"数智山海"相关课程,为基层提供更便捷、更可及的培训服务。与浙江大学医学院合作举办"青年骨干人才高级研修班",即"山海·飞鹰计划",借力远程与线下联合授课,临床实操内容涵盖最先进的数字医疗和成果,考核通过后可在当地县域内获得硕士研究生同等待遇。

# 三、成效成果

## (一)提升人民群众就医获得感

2021年"数智山海"医疗服务协作网链接200余家协作医疗机构、数家国际一流医疗机构,累计完成国内远程会诊4万余例、国际远程会诊4000余例。浙二互联网医院实名注册用户近223万人,本院入驻医护超1700名,在线医疗健康服务项目52项,每月线上诊疗服务超9500人次。在每一家"山海"分院设立浙大二院"服务专窗",患者在分院平均滞留时间减少30分钟,上转浙大二院的患者待床日减少2天,下转分院的患者1天内可完成所有流程,冠脉CTA、PET/CT等特殊检查平均预约时间减少1天,服务满意度超90%。eICU远程托管对新疆克拉玛依、贵州台江的重症患者实现同质化管理,显著降低当地患者医疗成本、住院时长、转院率。

## (二)激发本土医疗机构服务潜力

2021年累计开展远程教育1100余场,惠及31万人次。首期38名"飞鹰学员"顺利毕业,逐步成为当地医院的"特种兵",其多个项目列入2023年度省医药卫生科技计划。省级医院、县级医院和基层医疗卫生机构联动,对基层医护人员给予全方位指导,如临海人民医院伤口专科护士通过云端平台,实现"浙大二院—临海人民医院—临海养老院"三地实时连线,共同为93岁糖尿病、肝癌、肝肾功能衰竭患者骶尾部不可分期压力性损伤进行居家护理,经过2次远程指导、3次换药,患者伤口基本愈合。

## (三)5G智慧医疗实现远程协同救治

通过无时差、智能化的隔空远程"5G数字生命链",向对口帮扶地区提供5G远程超声、5G急救实战演练、无人机送血专用航线、5G数字化神经外科空中手术室等功能服务。浙大二院通过5G数字化神经外科空中手术室实施了全国首例5G远程机器人手术,浙大二院神经外科医师作为主操作手,运用"睿米"立体定向神经外科机器人,远程控制分院手术室里的"从操作手",为患者实施辅助脑内血肿清除术,成功救治 72 岁老年脑卒中患者。无人机送血成果在国际顶级医学期刊发表,成为行业认可的全国标杆,并作为典型案例入选中央广播电视总台迎接党的二十大首批重点节目纪录片《征程》。

### (四)"数智山海"医疗服务协作网获多方点赞

以智慧急救体系、eICU 远程监护体系为代表的"数智山海"相关成果受广泛肯定,获"2022 年度浙江省改革突破奖"铜奖,入选中共浙江省委全面深化改革委员会办公室主编的《数字化改革(工作动态)》2022 年第 25 期,在健康报发表文章《优质资源在"山海"之间活起来》,在浙江日报发表文章《转诊省城医院,流程更简单了》,连续 4 年获得工信部主办"绽放杯"5G 应用大赛全国大奖。

## 四、下一步计划

### (一)聚焦"区域互联"扩面增效

重点建设数字病理、区域影像等区域共享平台,同时探索"远程进修"基层医疗人才培训新模式,持续提升基层医务工作者专业能力,更好地实现服务内涵同质化。

### (二)聚焦"慢病管理"链式融合

引入智能穿戴设备、AI 模型评估、数字康复疗法等新一代技术,进一步提升康复、慢病等场景的智慧化、个性化服务水平。重点围绕脑卒中、代谢病等慢病管理纵深推进,探索线上"菜单式"的专病服务"高速通道",实现百姓居家生活方式调整、基层日常监测与省级医院急难症处理分级高效联动、信息实时动态共享,将多学科联合诊疗服务理念精准推广到各山区海岛医院,为百姓提供更优质的全周期医疗保障服务。

### (三)聚焦"全生命周期"暖心保障

探索将远程医疗网络架设到养老机构,在医养结合新时代,充分发挥网络医疗优势,积极参与社会养老事业,服务老年群体,助力共同富裕。

(供稿单位:浙江大学医学院附属第二医院)

# "安畅行"智慧交通应用实现一站式出行服务

　　"安畅行"是数字社会便民跑道中"浙里畅行"的子场景内容,其中农村客运"便民行""交旅融合",预先知"两个模块",已列入省交通厅"浙里畅行"数字化改革试点,整体应用已列入浙江省数字社会第六批案例集。

　　应用围绕群众出行需求,通过数字化聚合创新,为公众提供个性化、综合化、智慧化的一站式交通出行服务。应用构建模式与数字社会定义集(6.0 版)中"数字交通新服务"的定义高度契合,为"数字交通新服务"积累山区县域的应用实践经验。通过 APP 为市民提供交通出行信息的统一查询、购买、支付、咨询等公共服务。应用于 2022 年 3 月在浙里办上线,并在全省公共交通出行板块中率先实现支付功能(见图 14)。截至 2022 年底,各模块累计用户量已有 8 万余人,年服务 24 万人次,聚合运行后预计用户量可达到 3 倍以上。

图 14　部分模块应用已接入"浙里办"

# 一、需求分析

## (一)服务侧需求

群众出行面临平台多、功能单一、服务碎片化、同质化,无法满足群众对行前、行中、行后全链条"一窗式"服务需求;本地旅游资源丰富但相对分散,现有公共交通无法满足游客一站到达需求;农村(山区)客运、学生等小众出行需求的服务方式少。

## (二)企业侧需求

各交通运营企业之间,信息系统相互独立、数据无法共享、资源无法整合;各运营独立平台化开发受技术、人才、资金等因素制约,也造成重复建设情况;无法实时了解政府相关信息数据。

## (三)治理侧需求

各交通运营企业的运营秩序、服务质量、安全态势等公共出行数据不全面;行车监管、车辆轨迹、身份核查等行业安全监管不完善;政务部门之间也存在信息壁垒、实时协同联动不足。

# 二、总体设计

结合安吉县实际交通出行需求,从系统功能架构、系统网络架构、系统技术架构、系统数据架构等方面对安吉公众出行智慧交通一站式出行服务平台(以下简称:平台)进行设计。

## (一)系统功能架构

平台总体业务功能架构如图15所示。

平台负责与出行者进行交互响应。一方面接收来自出行者的出行需

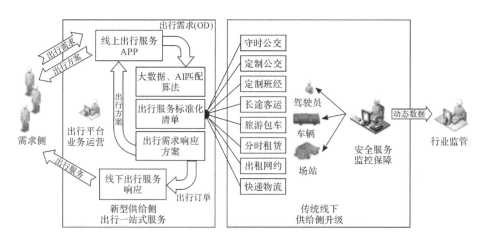

图 15　安吉公众出行智慧交通一站式出行服务平台总体业务功能架构

求,将出行需求(OD,Origin Destination 交通起止点)提交给出行智能匹配算法;另一方面将平台匹配计算出来的多种出行方案展现给出行者,接收出行者的支付订单。

大数据、AI 匹配算法负责综合全网实时出行需求,并根据客户需求之间、客户需求与供给之间的相关度进行匹配运算实现经济、快捷的绿色出行。出行服务标准化清单是将线下实时服务状态、服务能力内容和服务价格标准化,供大数据 AI 匹配算法调用、匹配、推荐。

出行需求响应方案是对匹配结果数据进行方案化包装并向服务平台输出,出行方案包括:出行方式推荐、换乘地点、出行用时、出行成本、推荐度等。用户确定下单后,平台会将订单推送给出行服务提供商,驾驶员根据订单任务要求开展线下出行服务响应。出行服务提供商通过对驾驶员、车辆、场站的实时监控,保障乘客出行安全。行业监管人员通过采集服务过程数据,对运营秩序、服务质量、安全态势进行全过程监管。

## (二)系统网络架构

我们通过应用及网络拓扑方式展示了安吉智慧交通平台的主要组成部分和网络拓扑(见图 16)。

安吉交投集团建设统一的生产内网,并与安吉县大数据局进行专线互

**图16　安吉公众出行智慧交通一站式出行服务平台网络拓扑**

联。前端 APP、相关业务中台、部分业务后台、行业监管平台都运行在云端,实现弹性计算和存储。

相关车辆、场站、站点、道路、充电设施通过 5G/光纤网络进行互联互通和相互协同。交通局、其他委办局通过专线接入云端实现对各类监管数据的提取、汇总和分析。乘客通过 APP、电子站牌、智慧车辆、智慧场站等智慧终端接入安吉智慧出行平台,提交需求、查询服务、支付订单、服务评价。

### (三)系统技术架构

从微观来看,平台技术架构分为三层,主要包括:行业应用前台层、业务数据处理中台层、行业业务系统后台层,综合平台和交通局、公安局、大数据局等数据对接或预留接口,实时对比见图 17。

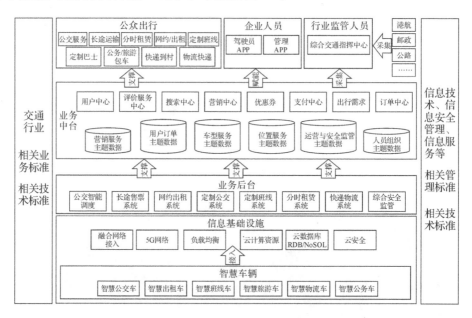

**图 17　安吉公众出行智慧交通一站式出行服务平台技术架构**

行业应用前台层:公众出行服务,提供公交服务、长途运输服务、分时租赁服务、网约/出租服务、定制班线服务、定制巴士服务、公务/旅游包车服务、快递到村服务、物流快递服务;面向企业人员的服务,包括驾驶员 APP、管理员 APP;面向行业监管人员的服务,即综合交通指挥中心。平台接入安吉县相关公共服务平台的应用端(例如:浙里办、爱安吉 APP 等)。

业务数据处理中台层:利用大数据、AI 算法等归集、分析、处理各行业的应用主题数据,包括用户数据、评价数据、营销中心数据、支付数据、订单数据、出行服务数据、位置服务主题数据、运营与安全监管主题数据、人员组织主题数据等。

业务数据支撑后台层:包括公交智能调度、长途售票系统、网约出租系统、定制公交系统、定制班线系统、分时租赁系统、快递物流系统、综合安全监管等。

信息基础设施：包括基础的融合网络接入、5G 网络、负载均衡、云计算资源、云数据库、云安全等。

智慧车辆包括智慧公交车、智慧出租车、智慧班线车、智慧旅游车、智慧物流车、智慧公务车。

### （四）系统数据架构

平台总体数据架构分为：基础资源类数据、外部数据资源、物联网类数据、运营服务类数据、安全管理类数据、大数据决策分析类数据等六大类数据。

基础资源类数据，这类数据主要描述人、车、线路、站点、场站等基础资源情况，主要包括：组织机构数据、线路数据、从业人员数据、基础设施数据、车辆数据等。基础资源数据与其他板块的数据整合形成完整数据集。

外部数据资源，这类数据一般是由其他系统产生，本系统只取实时数据用于计算和分析，不作存储，主要包括：出租数据、手机信令数据、实时路况数据、互联网 APP 数据、公共自行车数据等。

物联网类数据，这类数据是由车载调度终端、车载视频、二维码 POS 机、智能投币机、主动安全监控、站台监控等设备采集，主要包括：移动支付数据、IC 卡刷卡数据、投币数据、车辆位置数据、驾驶行为数据、车辆视频数据、车道偏离数据、站台监控数据等。

运营服务类数据，这类数据是围绕日常运营调度、乘客服务方面展开，主要包括：出行 APP 数据、运营计划数据、排班计划数据、调度执行数据等。

安全管理类数据，这类数据是围绕运行安全展开，主要包括：安全风险评估数据、驾驶行为数据、安全事故数据、培训教育考核数据等。

大数据决策分析类数据，是用于支持企业、行业决策层开展决策分析所需要的一类数据。

主要包括：综合客流分析数据、运力调配分析数据、全域守时评价数据、服务质量评价数据、安全态势分析数据、发展水平评价数据、财务核算分析等数据。

# 三、场景建设

围绕服务侧、企业侧、治理侧三大类需求,整合安吉县公共交通多种出行方式,构建数字化赋能、聚合智慧出行生态,形成"一站式服务、一体化运营、一窗式监管"三大场景,重点打造"城际出行、县内出行、出行配套、增值服务"4 个子场景,8＋X 项应用。

## (一)群众出行一站式服务场景

围绕群众出行需求,聚合开发定制客运、定制巴士、分时租赁、充电桩、网约出租、长途大巴、旅游包车、智慧停车等智慧出行服务模块。同时,依托数字化延伸群众出行关联领域,归集 X 项出行场景化服务。搭建"全链条、一站式"交通出行产品与服务体系,为市民提供快捷、便利和个性化出行选择(见图 18)。

一是城际出行服务子场景。梳理整合城际出行方式,聚合为"定制客运、长途大巴、旅游包车"3 个应用服务,将客运票务信息、车辆(调度)信息、地图信息、旅游信息等统一归集,实现目的地班次信息一站式查询、最优出行方式推荐、转乘方案推荐和一键购票下单。

在定制客运模块,市民进入"快点出行"APP 或"浙里办—安畅行"应用,将出发时间、出发地、目的地、人数、联系方式等信息提交并支付下单后,后台数据自动归集发送至调度中心。7 座专车定时到出发点接驾,核验乘车码后上车。车辆发车后乘客可查看车辆信息及实时位置,到达目的地后可评价,系统会及时收集乘客出行满意度。在运行过程中,通过视频监控、实时定位,对准点率、行车速度、拥堵情况进行数据分析,提供全方位监管的同时为线路优化提供数据支撑。

二是县内出行服务子场景。集合"公交、分时租赁、网约出租"等县内出行方式,对公交信息、分时租赁系统、网约叫车平台等进行聚合,为市民提供

**图 18　APP 应用界面(部分)**

多元化的出行选择,实现公交实时查询、网约车实时预约、分时租赁驾照自动审核非接触式租赁车辆、开发公交"定制巴士"模块,满足学生、上班族、游客个性化的点对点通勤需求。学生、家长、游客、企业通过手机下单购买此卡后,智慧大脑进行需求分析,分配调度的车辆可直达乘客所在小区附近公交站点,提高公交车的使用率,缓解交通拥堵,节约社会公共资源,减少经济成本(见图 19、图 20)。

三是出行配套服务子场景。全面融合"充电桩、智慧停车"应用的开发与运营,将视频信息、充电数据、智能道闸、ETC 收费数据等归集,升级增设

**图 19   定制客运假期接送大学生回家**

**图 20   定制"校园巴士"护送学生上学**

数字停车诱导屏、数字分析摄像头,接入交警车辆车牌系统、城市管理系统,将数据融入智慧交通驾驶舱,实现充电场站、公共/道路停车场(位)的无人化收费和数字化管理。车主可线上查看充电场站使用情况、自助充电,城区停车实现即停即走、智能导航、自动收费和违停短信温馨提示,解决停车难、停车管理"人走则乱"的现象,减少群众等候时间、节约管理成本。

四是出行增值服务子场景。拓展归集 X 项围绕群众出行垂直领域和相关联领域内容,依托数字化的便利性延伸服务范围,接入酒店、民宿等旅游信息、本地特产销售信息、景区无人驾驶车辆等为市民、游客提供深入的场景化服务。关注细微出行需求与痛点,不断拓展 X 项增值服务场景内涵,例如开发"代客下单"功能,为老人、儿童等特殊人群提供"电话预约、他人代下单"模式,静态二维码上车,更好地兼顾了"一老一小"的小众出行需求(见图 21)。

图 21　旅游信息融合场景

## (二)业务一体化运营场景

梳理交通企业数据需求清单,打造综合交通企业运营平台。将客运班线、公交线路服务信息、运营车辆统计信息等 30 多项分散数据源进行数据归集,整合打通客车管理、公交管理、充电管理、出租车运营、重点(两客一危)车辆管理等 11 个系统,升级优化基础硬件配套,实时采集业务运营和过程数据,通过建立交通立体综合数据库,对客源数据、运营秩序数据、服务质量数据、安全态势数据进行智能分析,自动生成直观分析图表,为企业优化调度、优化管理、统筹资源配置、加强人员教育培训提供数字支撑,节约企业成本、提升效率。

### (三)政府部门一窗式监管场景

打造集数字治理、安全应急、重点监管于一体的综合智慧交通管理大脑。厘清数据归集,打通跨部门跨层级系统 10 余套,整合各运输企业的 GPS 数据、卫星导航数据、视频监控数据、用户数据的资源,接入省交通厅数据平台,共享交警卡口数据、车辆车牌数据、城市视频监控数据,形成多跨协同的智慧化管理决策机制,消除信息壁垒,提高协同效率,监管决策从单打独斗向多部门并肩作战演变。

## 四、创新举措

### (一)改革公共交通服务出行方式,满足群众高频出行需求

转变思维,以数字化创新带动运营模式创新,将"客等车行"转变为"随客而行"的个性化定制出行服务(见图 22)。定制化机动灵活的出行方式,满足了群众定制化出行需求,是传统客运的升级和有益补充,提升了群众出行便捷性和满意度,提高了公共交通资源有效配置。截至 2022 年 4 月底,"定制客运"已开通安吉到杭州、湖州两城共 358 个站点,群众通过手机预约,解决就医、机场高铁、购物娱乐等高频出行需求,现已服务 82113 余人次,班线服务 26021 余趟次,日均旅客量 210 人次左右。"定制巴士"极大满足了求学、通勤、旅游等域内个性化的线路需求并实现智能化预约和管理,已开通"校园巴士""大学生假日转乘专线""景区直达专线"和"企业人才专列",其中"校园巴士"开通 13 条线路,服务学生 19298 余人次。"大学生假日转乘专线"发车 1208 班次,服务 3 万人次。

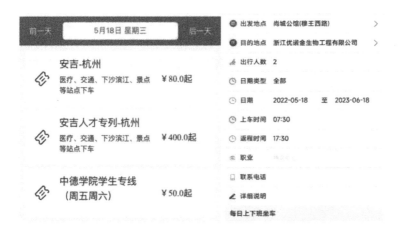

**图 22　个性化定制出行方式(部分)**

## (二)机制体制创新,推进市场化、社会化规范参与

数字化改革需要注重发挥社会力量,探索市场化、社会化规范参与数字社会建设的路径和模式。本应用是由安吉县交投集团开发建设、民营企业参与的综合性服务场景,开发建设充分从市场运营角度、社会化需求点切入,通过业务运营一体化建设,减少重复开发项目 10 余个,节约项目开发资金 2000 多万元,减少运营车辆配置 10%,运营率提升 20%以上。

## (三)强化交通大脑,促进城市管理双智融合

交通业务系统、资源接口统一化,实现业务数据共享与互通,将"智慧交通"与"智慧城市"有机融合,形成多元聚合化、管理协同化、服务便民化的"双智融合"运营监管服务体系,更好地赋能产业发展及监管治理。通过交通大脑数字优化分析,联动交通局、运管局、公安局、城市管理局等多个部门,2022 年优化城区路口转向指示 20 个,提升了路口通行效率。公共停车的数字化程度提升,实现停车便捷减员增效。2022 年与运管、城市管理执法互通,通过数据自动巡查监管,自动发出违停温馨提示 1000 余条,违停罚单量降低 45%以上。

(供稿单位:安吉交投出行科技服务有限公司)

# "浙里公共服务在线"应用提升智能普惠共享面

党的二十大报告指出,要"提高公共服务水平,增强均衡性和可及性",为加快推进公共服务均衡、可及,省经济信息中心以"人、事、物"为核心,支撑开发"浙里公共服务在线"重大应用,形成基本公共服务事项"一张单"、公共服务设施资源"一张图"、家庭关系服务"一个码",运用数字化手段,从推动基本公共服务均等化起步,探索逐步拓展到优质公共服务共享,更好建设数字化改革成果"智能普惠全体百姓"的示范样本,推动公共服务在线享、便利享、家庭享,助力共同富裕美好数字社会建设。

## 一、通过"标准先行＋数据归集",筑牢公共服务均衡可及底座

建立一体化服务标准。对照《国家基本公共服务标准(2021 年版)》,制定国家标准全执行、群众有需求、政府可承受、覆盖人的全生命周期的浙江省基本公共服务标准;推动省级部门制定配套政策;指导市县以省级为基准,根据地方财力制定地方公共服务标准,构建省市县三级联动的"1＋11＋N"基本公共服务标准体系。

形成标准化建设方案。推动跨区域、跨部门、跨层级的集约建设。采用"V"字模型方法,将省级 95 项基本公共服务标准,拆解细化成 190 个子事项,印发应用建设实施方案,统一服务事项编码,统一基础数据采集、录入、校核标准,统一应用建设架构,确保基本公共服务一体化、评价标准一体化。

构建规范化数据底座。基于户籍、婚姻、出生等多维度的核心人口数据,归集了全省 2.3 亿条人口基础信息目录。基于民政、教育、人力社保等 13 个部门,汇集新生儿家庭访视、养老服务补贴、失业保险待遇发放等 63 个目录的服务对象、服务时间等 2.1 亿条公共服务数据。依托 IRS,融合空

间治理、精准画像、实时计算等技术，形成"一图两指数"等监测预警体系。对公共服务设施资源进行统一编码和要素规范，全量归集托育、养老、卫生、教育、文化、体育、助残等七大领域 26 类 13.9 万个公共服务设施资源的基本信息和空间信息，形成省市县基本公共服务设施资源一张图。

## 二、建立"服务直达＋设施智建"，畅通公共服务均衡可及渠道

创新开发基本公共服务"一键达"场景。基于多元人口数据碰撞生成的人员标签，通过智能匹配模型，精准形成"可享服务清单"，可一键查询。如，有小孩的家庭，主动推送儿童预防接种、儿童健康管理等服务。建设公共服务数字场景统一入口，实现"15 分钟公共服务圈"一键达，让百姓动动手指就可以快捷了解 15 分钟可达的公共服务内容和服务时间，并可提供一键导航，还可快速预约博物馆、纪念馆等文体设施。

创新服务设施精准布局模式。基于省市县基本公共服务设施资源一张图，以各地人口结构为核心，形成人口与资源设施的匹配度、人口与服务设施的可及度指标，率先在杭州市探索形成反映市县公共服务供给质量和均衡水平的"地区公共服务资源均衡指数"。

创新问需群众，优化服务方式。在"浙里公共服务在线"上嵌入"我有话说"栏目，向全社会招募"公共服务"体验员，畅通群众反馈公共服务方式转变、水平提升、设施优化等意见建议的渠道。2022 年 8 月 20 日"我有话说"栏目上线后短短一个月，已有超 6000 人申请成为"公共服务"体验员，反馈意见 1.6 万条。

## 三、创新"家庭单元＋场景落地"，创新公共服务均衡可及方式

在全国首创"家庭码"，首推以家庭为单位的服务。通过个人标签数据的治理和聚类分析，对全省 5532 万户籍人口的数据分析，以个人关联"父

母、配偶、子女"的法定家庭关系构建形成最小家庭单元的"家庭码"。同时，将传统"个人视角"向"家庭视角"拓展，实现以家庭为单位的服务共享和互助。

创新建立家庭关系数据库。依托浙江省基本公共服务数据资源库，结合学籍、孕产、健康、困难人群等家庭成员的个人特征信息，梳理形成涵盖年龄、性别、婚姻、学历、孕产、健康、社保等多维度的 52 项人员画像标签，形成以个人关联"父母、配偶、子女"的法定家庭关系数据库。

创新开发"家庭码"。聚焦便民利民服务高效、社会治理模式创新、惠民政策精准直达，以出生、人口、婚姻等法定数据为基础，血缘关系为纽带，以近亲属共同生活事实为补充，创新开发"家庭码"，重点解决"一老一小"享受基本公共服务"盲区"、数字鸿沟跨越、以家庭为单位的事项无法办等问题。截至 2022 年 9 月，基于"家庭码"开发的家庭关系查询组件已上架浙江一体化数字资源系统 IRS 平台，已累计被 35 个部门申请调用 310 万次。

创新落地"家庭码"服务场景。基于"家庭码"实现以家庭为单位的服务清单共享和代办授权等功能，使以家庭为单位的服务更便捷、更直达。如家庭医保共济，通过调用组件授权，实现家庭成员信息绑定"变手动填报为自动确认"，2022 年访问量突破 105 万人次。如嘉兴市嘉善县，通过调用"家庭码"组件，为 6.7 万个老人实现与子女的亲情绑定，解决老人数字鸿沟。如绍兴市新昌县，基于"家庭码"组件，实现全县 5.5 万名小学以下学生与家长关系的匹配，开发了学生"接送码"，将家长身份识别靠老师眼力转变为数字化鉴别。如绍兴市诸暨市开发的"诸事小灵通"应用，基于"家庭码"建立家庭关系模型，探索 96 项家庭帮代办服务。

（供稿：浙江省经济信息中心，盛仁磊）

# "精准画像"应用 构建主动服务型政府治理体系

高质量发展建设共同富裕示范区是党中央、国务院交给浙江的重大战略任务。当前,浙江省亟待破解的重大难题是如何以数字化改革撬动共同富裕改革全面深化。据此背景,本文以推动政策精准化作为切入点,研究"精准画像"推进浙江省共同富裕示范区建设的重点问题,提出建设路径和对策建议。

数字"画像"是一种准确刻画人、物、事核心特征的数字化手段,是政府决策精准性和完整性、协同性和匹配性得以实现的前提保障,在推动高质量发展经济、缩小"三大差距""扩中""提低"改革等一系列重大政策举措中发挥着关键性作用,因而有望成为驱动政府治理体系由目前的需求响应型向未来主动服务型转变的重要力量。然而,浙江省"精准画像"相关工作刚刚起步,面临着前所未有的问题与挑战。

## 一、"精准画像"推进浙江省共同富裕示范区建设的重点

### (一)"精准画像"如何更好地与共同富裕示范区建设四项体系相结合

探索建立先富帮后富、推动共同富裕的目标体系、工作体系、政策体系、评估体系是共同富裕示范区建设的重要内容。"精准画像"必须与这四项体系紧密结合才能更好地服务于浙江省共同富裕示范区建设。目前,浙江省"精准画像"建设主要由业务需求驱动,尚未与共同富裕示范区建设规划紧密结合。需要将精准画像与这四个体系充分结合,真实准确刻画出共同富裕示范区建设中究竟有哪些人、哪些地区、哪些工作存在薄弱环节,从而制定与经济发展阶段相适应、与共同富裕示范区建设进程相协调的政策措施,真正实现科学决策、精准决策的目的。

### （二）"精准画像"如何更好地与各类数字"大脑"管理体系相对接

在数字化改革浪潮中,浙江省各类数字"大脑"蓬勃兴起,它们在各自细分领域中已经积累了丰富的数据资源和建设经验。将精准画像体系建设与之有效对接,在数据采集、技术运用和运作机制等关键问题上达成统一的标准,建立统一的融通共享机制,减少因重复采集数据、协调不畅等因素造成的社会资源浪费,真正实现共同富裕"精准画像"与各类"大脑"互融互通、协调联动,同时可以破除"信息孤岛",避免形成新的"画像孤岛"。

### （三）"精准画像"如何更好地提升政府数字化治理水平

浙江省通过"最多跑一次"改革推动了政府治理结构的再造、业务流程的重塑和服务方式的变革,建立了以"浙里办"为典型代表的多个政务平台。但目前政府既有的依靠经验决策、小数据决策的传统决策模式并未发生根本性改变。将精准画像与政府治理体系深度融合,推动形成政府不同部门、不同层级以数据分析为基础的智能决策模式,逐步取代经验决策,并以此为契机迭代升级政府数字化治理水平,从而进一步增强组织协同性、机制协同性和认识协同性,推动政府治理体系向数字化精准化转型升级。

## 二、"精准画像"推进浙江省共同富裕示范区建设的路径

### （一）服务数字经济,推动经济高质量发展路径

加大数字经济"一号工程"2.0对"精准画像"体系建设投入,依托"产业大脑""城市大脑"等大脑平台,建立涵盖宏观层面产业链、创新链、价值链、供应链、要素链和微观层面企业、个体经商户的"经济画像库",建立健全"精准画像"可持续运作模式、机制保障体系和评估体系,提升精准识别经济薄弱环节、发展态势和发展阶段的能力,尤其是重点行业、重点企业中的突出

问题和瓶颈。构建以"精准画像"为先导的施策体制机制,着力提升政策匹配精准度,探索高效精准型服务模式,比如主动向企业和个体工商户推送相关政策文件、市场机遇和风险预警,从而助力"一业一策""一企一策"等个性化政策举措落地开花。

## (二)平衡地域发展,促进缩小"三大"差距路径

推进城市、乡村画像体系建设,准确识别地区特色优势、短板弱项,以此建立区域统筹发展机制和分类引导机制,多方位精准推进"山海"协作、"一县一策"实施,推动形成主体功能明显、优势互补、高质量发展的区域经济发展格局,缩小区域发展差距。加强对制约城乡融合发展尤其是在教育、医疗、社会福利、公共服务等方面的痛点、堵点和难点问题的画像能力,促进城乡融合发展的体制机制更加科学、全面、精准,从而助力推进缩小城乡差距。聚焦"扩中""提低"八大实施路径,建立全面覆盖九类群体的精准画像体系,以此构建主动发现、主动帮扶机制,推动实现"一人一策"。

## (三)提升治理能力,构筑大平安社会路径

近年来,浙江省电信诈骗、非法集资等互联网犯罪问题十分严峻,给传统的治安管理体系带来巨大挑战,因此需要深入推进社会治理与精准画像等大数据分析技术深度融合,注重对各行各业、各地区涉黑涉恶犯罪表现形式的精准画像,加大其在打击违法犯罪、稳定社会治安、风险预警防范中的普及与应用,加快对企业经营活动精准画像,创新"信用+"治理体制,促进打造一流的法治化营商环境,建立现代社会治理大平安机制,推动形成主动型精细化治安防控体系。

## (四)提效监督管理,赋能法治政府建设路径

政府在浙江省高质量发展建设共同富裕示范区中扮演着至关重要的角色,需加强对政府的法治监督管理,助其及时"找不足、补短板"。因此,需要加大"精准画像"在浙江省法治政府监督工作中的推广力度,对政府部门及其工作人员依法履职情况进行动态画像,建立公务人员工作"档

案"，提高法治政府监督工作的精准性、靶向性、科学性。同时，创新体制机制，强力推进精准画像与"打伞惩腐"深度融合，加快打造多跨协同的数字化法治政府监督系统，推动浙江省法治监督从宏观到微观、从定性到定量、从结果到过程的转变。

## 三、"精准画像"推进浙江省共同富裕示范区建设的对策

### （一）加强顶层设计

建议政府突出"精准画像"战略价值，设置专门的机构或部门，统筹推进"精准画像"体系建设的各项工作，组织各部门与科研院所围绕共同富裕建设四项体系共同开展研究和设计工作。一是制定省级总体和分阶段目标，设计省级"精准画像"框架体系，具体制定分阶段建设方案、资金预算、组织方式。二是厘清与各类数字化平台之间的关联关系，建立连接各地区各部门的多跨协同机制，加快建立与各类"大脑"体系的对接融通机制。构建统一的数据库、技术库和"画像池"，搭建共享交流平台，避免重复画像。三是建立"画像"安全管理制度，严格限制"画像"的使用权限和使用范围，确保精准画像更好地用于共同富裕建设。

### （二）统一标准体系

一是指标体系方面，从宏观和微观、区域和城乡、阶段性目标出发，不断细化共同富裕指标体系，对共同富裕实现过程、实现程度、共享程度加以度量，注重指标的科学性、全面性、适用性、操作性。二是数据采集方面，建立统一的采集设备标准、数据存储标准、数据处理技术标准、数据取用标准等，完善数据采集流程规范条例，制定与各类"大脑"数据中台的对接标准。三是场景画像方面，规定数据来源，制定统一的业务流程、操作流程，制定模型适用标准和成果展示标准，统一"画像"的评估流程、评估方法，从而推动形成标准统一、操作规范的"采、建、用、评"制度体系。

### (三)构建保障机制

一是人才保障方面,创新人才引进机制,加强内部培训,重点培养既懂业务又精技术的复合型人才,建立内外部选拔、借调合作机制,不断优化"精准画像"人才队伍结构,同时加快完善人才激励机制和晋升机制,保障人才自由流动。二是设施保障方面,加大对数据采集设备、存储设备、计算设备和网络传输设备的资金投入,高水准打造基于"精准画像"的控制中心、展示平台。三是资金保障方面,探索以政府主导、允许社会资本多方参与的多元化融资模式,鼓励社会资本投资新基础设施,积极开发"画像"社会价值,建立公平的收益分配制度。四是制度保障方面,构建省市县三级综合保障体系,建议建立"画像"第一责任人制度,负责统筹推进场景画像顺利执行,同时建立健全"画像"溯源制度。

### (四)创新反馈机制

一是针对"精准画像"的不同环节建立相应的问题反馈机制和处置机制,建立处置负责人制度,实时反馈发现的问题,促使相关部门及时处理,适时调整政策,并反馈处理结果。二是建立内部智能纠察与外部意见反馈相结合的智慧系统,拓宽反馈渠道,形成数字技术支撑的可追溯反馈机制。三是建立常态化的部门与部门联动的效果评估反馈机制,推动精准画像体系不断完善,逐渐形成"评估—反馈—完善—再评估—再反馈—再完善"的主动型自学习反馈过程。

(供稿:浙江工业大学管理学院,童骏、马修岩;浙江大学管理学院、浙江数字化发展与治理研究中心,刘渊)

# 首创"浙里新市民"应用提升农业转移人口市民化质量

　　党的二十大报告指出要加快农业转移人口市民化。浙江省是人口流入大省,2022 年全省常住人口 6577 万人,其中农业转移人口约有 1800 万人,占比 27%,是浙江省推动高质量发展建设共同富裕示范区的重要群体。2021 年以来,为深入贯彻党中央、国务院关于深入推进以人为核心的新型城镇化战略,中心充分借助数字化改革先行优势,首创"浙里新市民"应用,通过多跨协同、流程再造、功能集成,解决农业转移人口市民化过程中存在的居住证办理及转换不便、公共服务知晓率和感受度不高、优质公共服务供给不足、农业转移人口管理服务工作薄弱等问题。应用目前已在全省范围内复制推广。截至 2023 年 8 月底,累计用户数达到 231 万,累计访问量超5544 万次,用户办件满意度近 100%,深受广大以农业转移人口为主体的新市民群体(以下简称新市民)的欢迎和好评。

## 一、深化居住证制度改革,解决新市民办证不便、转换不便的问题

　　居住证是农业转移人口享受基本公共服务的证明。在现行居住证制度下,非户籍人口在居住地住满 6 个月后申领居住证,但居住证管理以县为单位,跨县不互认。农业转移人口跨县流动后需在新的居住地住满 6 个月后重新领证,导致这段时间内无法享受基本公共服务,带来较大不便。借助浙江省创新推进居住证制度改革,应用实现居住证一键申领、一键转换。一是率先推行电子居住证。自 2022 年 3 月以来,浙江省推动居住证申领、签注、核发、使用各个环节数字化,实现办证全程在线、用证便利快捷、信息鲜活安全、数据归集共享,有效提高农业转移人口办证便利度。温州龙港市开展线上居住证办理两个月内,有效居住证持有数从 2000 余人增至 6400 余人,办

理率提升 220％。二是率先试行居住证跨区转换互认。一方面,实现居住时间累计互认,新市民在全省范围内累计居住满 6 个月即可办理居住证;另一方面,新市民跨地区流动后无需重新申领居住证,一键点击即可转换互认,实现基本公共服务无缝衔接。

## 二、集成多样化应用场景,解决新市民对基本公共服务知晓率不高、感受度不强的问题

推动城镇基本公共服务向常住人口全覆盖是农业转移人口市民化的核心要义。近年来,浙江省持续有力推进基本公共服务均等化,走在全国前列。然而调查显示,新市民对基本公共服务的知晓率较低,虽然新市民高度关注教育、医疗、住房等领域的公共服务,但 2022 年其对相关政策的知晓率分别只有 46.7％、45.6％、24.6％,对其他公共服务的知晓率更是低于20％。同时,新市民也普遍面临公共服务事项不知去哪儿办理、不知如何办理的问题。通过打造新市民专属应用,提供“一站式”服务,有效解决了这些问题。一是聚焦关键需求,集成高频服务。调查显示,就业、住房、教育、社保是新市民最为关注的四大领域。针对这些领域,中心在“浙里新市民”应用上集成产业招人、技能培训、保障性租赁住房、公租房租赁补贴、入学一件事、城乡居民参保等近百个高频应用。新市民只要登录这一个应用,就可办理其所需的 90％以上的公共服务事项。二是聚焦精准推送,实现“服务到人”。动态跟踪新市民个性化需求,推送相应公共服务信息,实现公共服务可知、可及、可享。2022 年宁波市已对居住证即将到期的新市民发送签注提醒 40.5 万条,签注率同比增长 5.5％;向符合留工优工政策的新市民主动推送政策兑付提醒 27.8 万条,政策兑付率由 87.91％提升到 97％;宁海、奉化、象山在入学报名期间向有适龄儿童的新市民点对点推送相关信息及操作指引 8356 条,随迁子女公办学校入学率提升到 99.5％。

## 三、创新"共性＋个性"积分制度，解决新市民享受优质紧缺公共服务时积分不一、跨区不通的问题

全省各地坚持尽力而为、量力而行，为农业转移人口提供与户籍人口同等的基本公共服务。受限于优质资源的紧缺性，各地各部门引入积分体系作为筛选依据。但积分体系在不同领域、不同区域不统一，比如，教育有教育的积分，住房有住房的积分，各个县（市、区）也自成体系，导致新市民需要在不同积分规则下多次申请、反复积分，而且跨区流动后，积分不接续，需要重新积分，给新市民带来较大不便与困扰。浙江省以电子居住证为载体，创新设计全省统一的积分制度，将农业转移人口个人情况、实际贡献等转换为分值，变居住证为"贡献证"。一是推动积分"跨地区互认"。积分指标体系由"省级共性＋市县个性"组成。其中，省级共性指标包括年龄、文化程度、职业技能、缴纳社保、居住时间五项，分值全省通用、跨区互认；市县个性指标由各县（市、区）自行制定，试行个性分互认，如新市民从宁波宁海县流动到温州平阳县，平阳县将自动调取其在宁海县的数据，根据平阳县积分规则自动赋分。二是推动积分"跨部门互认"。在全省统一的积分体系下，农业转移人口只需凭借一个积分，即可在"浙里新市民"应用上申请积分入学、积分住房、积分旅游、积分金融等服务，凭此积分梯度享受教育、住建等部门提供的优质紧缺公共服务。

## 四、重塑统分结合的工作体系，解决新市民管理服务工作底数不清、动态不明的问题

农业转移人口市民化是一项复杂的系统工程，涉及发改、公安、教育、住建、人社等多个部门。农业转移人口相关数据不共享、跨部门不打通，存在底数不清、动态不明等问题，影响政府决策服务成效。通过建立"纵向贯通、横向互联"的"浙里新市民"应用驾驶舱，一屏掌控、动态管理，提升对新市民的服务治理效能。一是建立多跨协同的数据体系，打通"数据壁垒"。依托

省市一体化智能化公共数据平台,申请数据目录及数据接口,不断完善和丰富可用数据,建立省级数据仓及各地市分仓。目前,已集成流动人口信息、社保缴纳信息、学历信息等省级数据,不动产权证信息、纳税信息等市级数据。通过探针埋点、数据接口、数据目录归集等方法将各地积分住房、积分入学、技能培训等 30 余类服务应用数据进行归集,形成数据闭环。二是全面覆盖、"精准画像",摸清农业转移人口底数和动态。数据驾驶舱集成了新市民画像、人员流入流出等功能,将全省农业转移人口群体总量规模以及年龄、学历、区域分布、居住时间、流入流出等方面特征通过图表进行可视化展示,全面准确掌握农业转移人口底数和动态。三是将算力转化为治理力,提升智治水平。中心通过定期分析应用运行情况梳理出高频服务、使用者反馈意见,动态调整应用功能,助力各级管理部门预警预判、科学施策,提升政策效度和服务精准度。2022 年,宁波市海曙区通过驾驶舱数据成功预判高桥镇两所小学学额缺口达 170 余人,及时扩招 4 个班级,保证外来适龄儿童的顺利入学。

(供稿:浙江省经济信息中心,吴前锋、朱冰凌、黄超群)

# 建立社区公共服务设施建设水平分析模型数字化辅助评估建议

为全面推进共同富裕现代化基本单元建设和现代社区建设,推动以"一统三化九场景"为标志的优质社区公共服务建设,中心通过数字化的方式,汇聚全省社区公共服务设施数据,分析各地市各类公共服务设施的建设水平。根据全省社区公共服务设施的建设现状及社区居民生活圈的建设要求,聚焦短板、突出重点,进一步推动公共服务设施的配置均衡度和可及性。

从开展社区公共服务设施调查、建立设施数据规范、汇聚数据、进行分析研判,到提出完善设施建设建议,构建一套公共服务设施建设水平调研分析模型(见图 23),这一流程展现了浙江省数据分析的基本模式和数字化改革扎实、务实、科学的推进方式,进一步推动了高质量发展建设共同富裕现代化基本单元,提升了居民群众在未来社区中的满意度、幸福感。

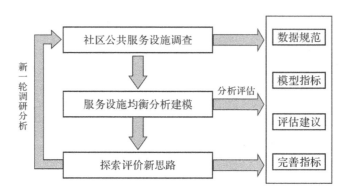

**图 23 社区公共服务设施调研分析工作流程**

## 一、开展公共服务设施调查，建立数据规范

为摸清全省社区主要公共服务设施的基本情况，中心支撑协助主管单位开展社区公共服务设施调查工作，初步建立数据规范，主要涉及社区基本信息，如社区面积、社区范围、人口数、居民画像、设施基本信息等；设施类型，主要涵盖托育、养老、健康、教育等场景服务设施。

截至 2022 年底，已汇聚 4000 多个社区数据，公共服务设施数超 5 万个。

## 二、开展公共服务设施均衡配置分析，建立分析评价指标

围绕"人民对美好生活的向往"和浙江省推动高质量发展建设共同富裕示范区要求，重点聚焦"一老一小"、健康、教育场景公共服务设施配置差异开展设施建设水平分析，坚持问题导向与目标导向相结合，对社区公共服务设施展开系统摸底和深度评估，分析现状、发现短板、提出建议，为加快实现社区基本公共服务均等化、可及化提供分析依据和改进建议。

建立分级分类评价指标（见表 7），依托数据汇聚，开展数据分析，通过横向对比、纵向趋势分析等方法，结合社区人口结构、生活方式，深入分析不同层次人群需求与个体年龄增长、文化教育背景与社区公共服务设施需求的关联性。识别社区各类公共服务设施存在的问题，分析问题原因，提出改进建议。

表 7　评价指标

| 一级指标 | 序号 | 二级指标 | 权重 | |
|---|---|---|---|---|
| 托育 | 1 | 社区托育服务设施可及居民数 | 0.2 | 0.3 |
| | 2 | 社区托育服务设施托位数 | 0.1 | |

续　表

| 一级指标 | 序号 | 二级指标 | 权重 | |
|---|---|---|---|---|
| 养老 | 1 | 社区养老服务设施可及居民数 | 0.15 | 0.3 |
| | 2 | 社区食堂可及居民数 | 0.15 | |
| 健康 | 1 | 社区卫生服务设施可及居民数 | 0.15 | 0.2 |
| | 2 | 社区体育服务设施可及居民数 | 0.05 | |
| 教育 | 1 | 普惠性幼儿园可及居民数 | 0.1 | 0.2 |
| | 2 | 小学可及居民数 | 0.04 | |
| | 3 | 初中可及居民数 | 0.03 | |
| | 4 | 教育机构学位数 | 0.03 | |

形成分析图表和评估,对分析的思路、内容、方法、结论给予论述,阐述各项指标的含义、数据来源、现状数值、参考均值等内容,形成问题清单、对策清单,为社区后续改造提升提供重要参考。

## 三、探索评价新思路,完善指标模型

通过对公共服务设施的调查分析,初步形成社区公共服务设施建设水平模型。通过 GIS,对设施点位与社区范围、设施的容量、居民步行辐射范围等进行综合分析,可进一步构建复杂的设施均等性、可及性模型,为社区级公共服务设施建设提供建议。

社区作为城市建设治理的基本单元,是广大人民群众提升生活品质、共享美好生活的核心载体。通过建立社区公共服务设施数据规范和建设水平的分析模型,可为社区提供公共服务设施建设水平衡量能力,为进一步发挥中心智库作用,在条件允许情况下,可推动探索常态化调研模式和多种数据采集方式,通过调研扩充评价指标和算法规则,结合多种数据采集方式,改进数据治理能力,提升数据模型分析精准度。建立社区公共服务设施建设水平模型对浙江省建设"新时代全面展示中国特色社会主义制度优越性的重要窗口"和高质量发展建设共同富裕示范区具有基础性推动作用。

（供稿：浙江省经济信息中心,王潜）

# 数字生态文明

建设数字生态文明是实现绿色低碳发展的必然要求,数字中国建设要求建设绿色智慧的数字生态文明。推动生态环境智慧治理,加快构建智慧高效的生态环境信息化体系,运用数字技术推动山水林田湖草沙一体化保护和系统治理,完善自然资源三维立体"一张图"和国土空间基础信息平台,构建以数字孪生流域为核心的智慧水利体系。加快数字化绿色化协同转型。倡导绿色智慧生活方式。①

2022 年,数字技术持续赋能生态文明建设,基于数字技术的生态环境监测预警能力、自然资源管理和国土空间治理能力进一步提升,在生产、生活、生态治理等多领域深入践行绿色低碳发展理念,有效助力高质量生态文明建设。②

---

① 人民网. 中共中央　国务院印发《数字中国建设整体布局规划》. (2023-02-27)[2023-11-13] http://politics.people.com.cn/n1/2023/0228/c1001-32632549.html.

② 数字中国发展报告(2022 年).[2023-11-13].https://cif.mofcom.gov.cn/cif/html.

# 安吉白茶产业大脑应用全方位全链条对口产业帮扶

安吉县是远近闻名的"白茶之乡"，截至 2022 年，境内标准茶园面积达 20.06 万亩，相关就业人员超 10 万人。2003 年，时任浙江省委书记习近平同志到安吉黄杜调研，称赞安吉白茶"一片叶子富了一方百姓"。2018 年 4 月，安吉县溪龙乡黄杜村 20 名党员给习近平总书记写信，希望捐赠 1500 万株"白叶一号"茶苗帮助贫困地区脱贫增收，总书记对这种为党分忧、先富帮后富的精神给予充分肯定，指示"要做实做好做出成效"。① 此后，安吉县始终坚持以总书记重要指示批示精神为指导，持续不断抓实抓深"白叶一号"协作帮扶工作。

## 一、改革需求

一是上级有号令。习近平总书记多次就白茶苗捐赠工作作出重要指示，充分体现了党和政府高度关心关注白茶苗捐赠工作。捐赠工作能够助力弘扬中华民族扶贫济困、守望相助优良传统，凝聚打赢脱贫攻坚战正能量，进一步做好脱贫地区帮扶产业发展、深化东西部协作，持续巩固脱贫攻坚成果。二是产业有需求。安吉白茶经过 40 多年的发展，2022 年全国种植面积已超 400 万亩，县内种植面积 20.06 万亩，茶农 1.7 万户。受捐地"三省五县"种植面积 6217 亩，贫困人口受益 2063 户 6661 人，在提升区域经济发展质量和效益、稳步推进乡村振兴战略中发挥重要作用。三是致富有所盼。"一片叶子富了一方百姓"，2022 年安吉白茶产值 32 亿元，占全县农业产值 60% 左右，促进农民平均增收 8800 元/人左右，"三省五县"受捐

---

① 央视网:习近平的扶贫故事第五集:一片叶子富了一方百姓. (2021-02-20)[2023-11-13] https://china.huanqiu.com/article/422GrXJ8rBK.

地累计采摘干茶 2 万余斤,价值超千万元,带动当地人均增收 2000 元以上,有力促进了先富帮后富,最终实现共同富裕目标的实现。

## 二、改革举措

一是党建引领建立帮扶机制。我们坚持"扶上马、送一程",将党建引领贯穿"白叶一号"帮扶工作始终,着力推动平台共建、产业共兴、人才共育,建立全方位白茶"全生命周期帮扶机制"。以"白叶一号"茶苗为链接纽带,成立"白叶一号"乡村振兴党建共同体,组建"白叶一号"导师帮带团,与受捐地党组织开展支部结对,通过赴现场指导和视频"会诊"、在线"开方"等方式,帮助受捐地高标准建起茶产业园和茶叶加工基地,培养了一批懂经营、善管理、敢创新、能担当的技术型及管理型本土人才。积极鼓励受捐地构建"专业合作社＋龙头企业＋农户""个体农户＋市场"等利益联结机制,在土地流转和茶苗折股的基础上增加务工收益,努力推动当地百姓拿租金、挣薪金、分股金。

二是数字赋能深化帮扶模式。围绕制约白茶产业发展的品牌辨识难、市场管控难、行业管理难等痛点难点,上线了安吉白茶产业大脑应用,实现对白茶生产、服务、品牌保护、监管等从茶园到茶杯的全流程服务与监测,推动白茶产业链数字化转型、高质量发展。通过应用共享,推广"一码四标一监制"溯源管理体系和"白叶一号"加工数字化生产线,数字赋能安吉和受捐地区"白叶一号"种植、管理、加工、销售等各个环节。研究出台了《进一步深化"白叶一号"白茶产业帮扶项目实施方案》,从茶苗采购、冷链运输、实地指导、专场培训等全流程科学安排"白叶一号"白茶产业帮扶项目资金,持续跟踪调研分析白叶一号种植条件以及受捐地土壤、气候条件,考虑主观意愿和市场情况,科学合理制订后续捐赠计划。打造"白叶一号"区域公用品牌,搭建跨区域的"一片叶子手牵手"合销超市,推进四省六县签订"合作备忘录",建立包销激励、反租倒包、指导赋能、品牌共建、督导评估五项机制,实现"包种、包活、包销"的承诺。

三是区域协作共享帮扶资源。我们以"白叶一号"协作帮扶为纽带,主动谋求与"三省五县"开展更深层次、更宽领域的合作交流，推动携手开创更多合作共赢新局面。构建"年初商定重点发展项目、每季度召开联席视频会议"的常态化议事协调机制，积极输出安吉美丽乡村建设、管理、经营经验，引导当地发展茶旅融合，帮助受捐地做好"一产接二连三"的全面发展文章。推动成立"白叶一号"手牵手专项基金，与受捐地区签订战略协议，为科技攻关、技术培训、市场营销等提供金融支持，逐步将合作由白茶延伸至产业发展、人才交流、乡村建设等领域，小小的白茶苗成为"友谊之苗、脱贫之苗、致富之苗、幸福之苗"。

## 三、改革突破

一是鱼渔同授推动共同富裕。不同于以往捐钱捐物的扶贫方式，我们既送茶苗，又育产业，真正实现"造血式"帮扶。从捐茶苗、送茶机、资金技术帮扶，到数字化改革模式的输出，我们更加注重发展理念输出、经营机制转变、管理体制破解，有效激活了受捐地自主经营的"一池春水"，推动了当地老百姓由"政府包干"向"自己抢着干"转变，体现了山海协作"政府推动、市场运作，互惠互利、共同发展"的要求。2022 年"三省五县"受捐地累计采摘干茶 2 万余斤，价值超千万元，带动当地人均增收 2000 元以上，带动 2063 户 6661 名农民走上共同富裕道路。

二是智志双扶打造扶贫协作。受捐地上线安吉白茶数字化应用后，形成了种植、加工、包装、储运、销售全产业链数字化管理机制，改变了过去品质监管靠查、品牌保护靠人、茶农办事靠跑的传统方式，实现了利用数据协同集成、分析预警、科学研判的智能生产，有效提升了"白叶一号"的品质和市场价格。目前，应用中"茶医生"功能已覆盖受捐地茶园，通过病虫草害智能识别和专家远程指导，实现茶园精细管理。青川县搭建"青川智慧平台"，推动"白叶一号"茶苗长势稳定向好，种植面积扩至 5218 亩。

三是久久为功促进产业升级。打造差异化品牌作为提升"白叶一号"价格的突破口，致力把"三省五县"的地域、生态、文化特色融入"白叶一号"品牌，与"安吉白茶"形成错位发展，促进"白叶一号"的品牌做大做强。注册受捐地集体公用商标后,受捐地种植的"白叶一号"的销售价格可以实现翻番(原来仅能卖到平均 300 元/斤左右,远低于安吉白茶的销售价格)。2022年安吉白茶品牌价值 48.45 亿元,连续 13 年跻身中国茶叶区域品牌价值前十强,搭建的跨区域"一片叶子手牵手"合销超市,已帮助销售受捐地特色农产品 300 余万元。

（供稿单位：中共安吉县委全面深化改革委员会）

# "浙里柑橘"应用提升柑橘全链条价值

柑橘是衢州特色农业产业,围绕"种好橘,卖好价,促共富"目标,在省厅、市局的支持和指导下,柯城区谋划建设"浙里柑橘"全产业链数字化应用场景,全力打造"南孔圣柑"区域品牌,实现柑橘全链条价值提升,为浙江省建设共同富裕示范区提供山区 26 县跨越式高质量发展的柯城样板。2021 年以来,"浙里柑橘"先后入选浙江省农业农村厅数字化改革第一批优秀应用和浙江省农业农村厅农业产业大脑建设第一批先行单位。

## 一、改革需求

### (一)柑橘种植标准化匮乏,亟须科学创新

传统柑橘种植生产标准化不到位,导致的每年成果率、含糖指标、化渣率均不一致,抗自然灾害能力弱,致使大部分橘农还是靠"老天爷吃饭"。柑橘品质均一性低,导致的果品等级不一致,同时柑橘区域品牌不响,柯城"南孔圣柑"知晓率低,散户难以适应市场竞争,影响未来柑橘产业发展。

### (二)柑橘贩销发展粗放,带动作用有限

柑橘贩销户收购销售管理粗放,没有统一、规模化管理,未能形成合力。同时柑橘市场价格走势不清晰,行业资讯传达不及时,信息更新落后,贩销户未提前作好预判,行业发展呈现疲软态势。

### (三)产品溯源体系不健全,休闲游信息不对等

产品溯源过程不完善,消费者无法对产品源头进行查询,对农药残留率、绿色有机情况等难以知晓,对柑橘品质的安全放心程度低,直接影响了

购买意愿。此外,采摘游等休闲农业与柑橘产业关联性小,消费者暂无获取体验农业休闲乐趣的消息渠道,对农文旅休闲游产业发展有较大影响。

### (四)产业管理服务不到位,需以数字化手段破解

柑橘产业管理存在数据壁垒和业务堵点,各管理部门间信息数据闭塞不共享,无法实现全流程监管,对主体需求掌握不全面,农业政策出台不及时,农业服务不精准等问题日益突出。

## 二、场景建设

### (一)生产指导子场景

构建科学种植、智慧管理指导体系,为"种好橘"提供科学解决方案。

1. 制度成果数字化,为农户提供精准指导。区农业农村局与华中农业大学共同制定发布了《柑橘健康管理技术规范》,按照全年 24 个节气,深入精确到 5 天 1 候,为种植户制定标准化的农事指导。为设施栽培柑橘制定发布地方标准《椪柑大棚设施栽培技术规范》,根据当前节气向种植户推送农事提醒,用户完成相应农事操作后通过监控识别其农事行为自动完成记录,实现农事记录的数字化、智能化。

2. 试验成果数字化,节省种植成本。从多年的生产试验观测中,研究分析了柑橘需水规律,测定柑橘各生长期的需水量,建立全年柑橘需水模型,系统通过分析对比需水模型和土壤墒情仪的实时土壤湿度数据,完成智能化灌溉。

3. 病虫识别智能化,防治方案及时反馈。打破传统现场指导模式,通过虫情测报仪或者用手机拍照上传病虫照片到识别库,智能识别系统可第一时间线上反馈科学的解决方案,同时根据后台大数据分析为种植户提供病虫害防治预警,借助大数据手段节约时间和人力。

### (二)流通销售子场景

打造柑橘流通销售全流程数字化管控,夯实"卖好价"基础。

1.数字化分选分级。通过生产端溯源,达到标准的柑橘可进入数字化分选线,进一步通过外观、大小、糖度等指标进行分选,所有进入分选线的柑橘数据会自动进入后台在流通销售界面进行统计呈现。

2.数字化销售管理。为种植户、贩销户打造从采收、入库、采购、库存、出库到销售全链条闭环管理应用,有利于企业精准掌握库存、流向、销量、损耗和利润情况。让企业做到精细化管理,政府实现全链条监管。

3.价格趋势指导。通过农批市场、档口等柑橘交易价格的采集、销售管理应用端价格的积累、网络价格自动抓取,经过后台分析可以完成价格趋势的建模,为种植户、贩销户卖橘提供指导。

### (三)品牌打造子场景

品控与溯源数字化,为种植户卖出好价,为消费者种出好品。

1.一批一次一码,高质量溯源柑橘全产业链。打通生产管理应用和肥药两制系统实现数据共享,后台抽取生产管理中的各项数据如农事记录、肥药使用等,以农事计划完成率,判断其生产标准化率,同时通过联通农残检测数据监控其质量安全,再经分选分级后,整个流程通过"浙农码"一户一批一码实现生产流通销售全产业链可追溯。

2.品牌赋能,实现卖好价目标。以"南孔圣柑"区域公用品牌标准为依据,落实种植环境、采后流通、销售环节监管,通过数字化手段后台自动判别种植户的柑橘是否符合品牌标准,决定是否赋予"南孔圣柑"品牌使用权,让消费者对"南孔圣柑"的品质和安全放心。同时衍生文创产品设计,结合网上农博、现场推介,线上线下全渠道推广,借文创提升影响力。

3.严格品控预警,让消费者吃得安心。基于品控溯源机制设立"浙农码"三色预警,消费者通过扫描商品包装上的浙农码可以查看溯源信息,针对商品品质可以在线反馈、投诉,对无异常的赋绿码,正常授权品牌使用;对于产品有变质、投诉过百等情况的赋黄码,控制授权量,要求定期反馈整改;

对于农残超标、投诉频繁等情况的赋红码,禁止使用品牌。

### (四)农业服务子场景

破除数据壁垒,创新体制机制,提质增效优化服务。

1.柑橘产业发展一图掌控。构建柑橘产业一张图,将柑橘产业分布与资规部门地类信息图叠加,精准掌握柑橘产业发展现状,为未来柑橘产业发展提供数字化解决方案。

2.农事服务一键到家。种植户可以在应用上发布修剪、植保等农事需求,推送给社会化服务主体后可以接单提供农事服务、农机租赁,解决了以往生产主体和社会化服务主体之间信息不平衡问题。

3.柑橘销售一"播"解决。拓展网络销售渠道,打通柯城村播产业服务平台,聚焦农产品数字营销服务,赋能产业经济迭代转型,助推农产品上行。实现主播自主自选、优品优选优价、爆品快销复购,助力打响"南孔圣柑"区域品牌。

4.农旅结合一屏互动。应用整合了全区农旅信息、行业资讯,根据消费者需求推荐周边的采摘游农场、农家乐、民宿,实现休闲农业一条龙智能推送。

## 三、改革突破

柯城区农业农村局以柑橘产业重大需求问题为导向,梳理多跨应用清单,实现跨部门、跨业务、跨层级、跨地域、跨系统五跨协同,以"规模化种植、标准化生产、数字化分选、品牌化营销、社会化服务"为主线,推动柑橘高质高价,带动农民共同富裕。

### (一)种植科学化,生产标准化

与华中农业大学共同制定发布《柑橘健康管理技术规范》,以节气物候为单位指导种植户开展标准化农事活动并自动完成记录。打破传统现场指导模式,通过虫情测报仪及手机智能 AI 识别,农户足不出户即可获得病虫害专业化指导,同时开通专家在线服务板块,实时解决农户问题。

### (二)品牌打造规范化,流通销售数字化

依托"南孔圣柑"区域公共品牌建设体系,结合"浙农码"建立品控溯源三色预警机制,以生产端溯源为基础,对分选、销售、价格等进行数字化改造,打造采收、采购、分选、入库、出库、销售等全链条闭环数字化管理,保证果品质量树立品牌口碑,提升效益,促进农民增收。

### (三)产业发展精准化,社会服务便捷化

建成柯城区柑橘产业"一张图",实现土地资源图层与柑橘产业图层整合叠加,精准掌握柑橘产业发展现状,为未来柑橘产业发展提供数字化解决方案,同时利用场景应用数据共享,解决产业发展找地难题。打造农事服务线上预约、农业政策线上发布等功能板块,为农户提供更加便捷的社会化服务。构建"小橘带你游"农文旅休闲游板块,推进农旅休闲产业发展。

### (四)多跨协同,实现柑橘高质高价

在生产端打通闲置土地盘活利用、肥药两制、气象预报、农残检测等系统平台为生产标准化提供数据基础,实现"种好橘"的目标;在销售端打通农批市场、网络平台、村播平台等,为品牌化销售提供数据指导和渠道拓展,实现"卖好价"的目标;在政府端打通资规部门的地理空间数据、文旅部门的民宿信息、金融机构的贷款服务等,为产业发展、三产融合提供数据支撑,引导适度规模种植,实现"促共富"的目标。

### (五)流程再造,推进产业降本增效

主体找地方面,从原来找地难、拿地难转变为地类匹配、线上选地、线上申请;主体买苗方面,从原来凭经验随机买苗,质量无法保障转变为良种繁育中心在线选苗,配送到家;购买农资从原来需要腾出专门时间就近购买、性价比不高,转变为在农资商城享受折扣,商城免费配送到家,金融服务到家;柑橘生产从原来人工为主的传统农事活动转变为"浙农码"全产业链标

准化、物联网智能管控的现代产业活动,实现劳动生产效率提升,产业价值提升。柑橘销售情况从原来渠道单一、卖价不高转变为区域品牌化运营、标准化管理、数字化台账。市场信息方面,从原来凭经验的地头价出货转变为网络行情采集、大数据分析趋势、科学指导定价。

### (六)机制创新,提质增效优化服务

应用通过整合用户在使用过程中的各种数据,运用可视化、模型化等技术,搭建集专业研判、高效协同、辅助决策于一体的"指挥屏",从原来线下单线程低效服务转变为线上多线程高效服务,推进数据入户上云,全面强化用户获取信息和服务的能力,提升政府获取主体生产销售数据的能力,实现全域化全流程服务管理。

2022年,上架浙里办 APP,分设"专家在线""我要种橘""病虫害识别""社会化服务""我要销售""小橘带你游"六大功能模块,为用户提供更加便捷精准的服务。2022年,"浙里柑橘"产业大脑已有 20 家柑橘规模种植主体、加工流通销售龙头企业入驻,采集农业主体信息 2000 余条,行政部门信息 267 条、采集病虫害图片 2887 幅,管控操作记录 2097 次;浙里办 APP"浙里柑橘"应用点击数 5000 余次,病虫害识别操作 746 次。通过"浙里柑橘"平台建设,柑橘规模种植大户亩均种植成本降低 1000 元以上,柑橘优质果率提升 40 个百分点,亩均收益可达 5000 元以上。

# 四、下一步打算

柯城区农业农村局将根据省农业农村厅部署,迭代升级"浙里柑橘"2.0版,深化平台功能组件,加快场景落地使用,实现柑橘产业数字赋能,为农业产业数字化提供实践经验。

一是加快品牌建设,打响"南孔圣柑"口碑。授权成立衢州桔香浓品牌发展有限公司,对"南孔圣柑"品牌进行专业化运营,制定出台《"南孔圣柑"区域公用品牌使用管理办法(试行)》,以品牌形象统一的包装体系(盒、箱、贴等)和用于质量追溯的贴标("浙农码")作为品牌管理的抓手,数字赋能柑

橘产前、产中、产后管理，吸纳更多符合标准的优质橘农。

二是优化升级功能，推进"浙里柑橘"落地。贯通浙里办"浙里柑橘"小程序各项功能应用，以用户需求为导向，优化升级现有各项功能，同时开发"专家在线答疑""采摘游""扶持政策""品牌加盟"等功能，为用户提供更加便捷的服务。广泛开展"浙里柑橘"培训推广应用，深入农户主体，确保"浙里柑橘"精准落地。

三是建设未来农场，推动"浙里柑橘"示范先行。加快万田无核椪柑生产示范园、佳农果蔬智慧农业示范园等未来农场建设，打造"浙里柑橘"线下应用示范点。为柑橘种植模型建设提供科学研究试验基础，为柑橘种植数字化提供实践经验。

（供稿单位：衢州市柯城区农业农村局）

# 能源大数据应用提升能源数据融合应用价值

为进一步深化数字浙江建设,培育壮大新业态新模式,省发展和改革委在项目建设、平台打造、系列活动开展上持续推出数字赋能组合拳。数据是数字经济时代影响全球竞争的关键战略性资源,对劳动力、资本等其他资源形成叠加倍增效应。有效释放数据价值,有助于提升全要素生产率、提升政府治理效能,赋能现代化经济体系高质量发展。

国家电网有限公司大数据中心、国网浙江省电力有限公司、国网江苏省电力有限公司南京供电分公司实施电网企业服务"双碳"目标的能源大数据应用管理,探索能源数据与政府数据的融合分析,破解能源数据要素配置不优、流动不畅等体制机制问题,挖掘能源数据引领、撬动、赋能等价值,助力社会治理精准有效化、经济决策科学智慧化,推动数字化改革持续深化,支撑国家治理能力现代化和经济高质量发展。

## 一、现实问题

当前政府部门间、政府企业间等往往存在信息壁垒,社会治理或民生服务多以行政命令式的粗放管理为主,经常出现"中梗阻""低效率"等现象,如能耗双控、碳效评价各环节相对割裂,导致资源零散、建设重复、全局性不足。政府科学治理及经济高质量发展实现需要海量、高频、实时能源数据支撑,但是各品类能源数据多头管理、协同薄弱,能源各行业间、行业上下游间、不同部门间存在数据壁垒,不同能源行业间数据标准不统一,数据散落化、碎片化特征明显,仍存在数据孤岛问题。能源数据从汇聚、融合和使用等各方面存在组织不顺、标准不一、流程缺失、权属约束和安全风险等问题。

# 二、主要做法与成效

"能源大数据应用管理"紧扣服务经济社会发展和人民生活改善的时代命题,聚焦能源大数据"聚""融""通""用",深挖能源数据价值,支撑服务国家治理现代化、经济高质量发展。本项目创新做法已由国家发改委等主管单位明确在全国的 25 个省份推广,且是首家获得"保尔森—绿色创新类别"年度唯一大奖的央企。

## (一)构建能源数据汇聚体系,筑牢能源数据资源底座

第一,国家电网整合政府、公司及合作伙伴资源,搭建公司级和省级能源大数据服务平台,打通数据链路,集聚各级能源大数据中心业务资源和优秀成果,实现资源统一展示、服务便捷开放、数据在线分析。第二,构建能源大数据管理标准,实现能源数据规范、统一。建立数据标准、数据质量、数据共享等能源大数据制度框架,建立健全能源大数据标准体系,建立企业级统一数据模型(SG-CIM),形成统一、规范的数据接入标准。第三,统筹建立能源大数据接入策略,推动多源数据完整聚合。依托政府授牌共建的能源大数据中心,将供能企业采集平台的能源消费数据归集至能源大数据支撑平台。"能源大数据应用管理"首创面向多元主体的数据接入和治理方法,以能源大数据服务平台为数据底座,接入能源和社会经济数据,实现能源领域全品类数据覆盖(见图 24)。

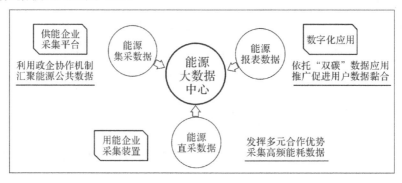

**图 24　能源大数据接入策略**

### （二）建立能源数据治理机制，开辟能源数据融通路径

第一，建成数据资源服务平台，建立从元数据采集、智能化盘点到人工盘点补充的全流程智能盘点体系，提升数据资源盘点效率和质量。第二，创建能源数据共享模式，试点推广数据授权机制，引导企业将数据管理权限让渡至政府，由政府统一审核数据共享开放流程。第三，打通政企数据交互渠道，建设政企数据共享交换应用，通过政企专线接入政务网，实现政企双向数据共享（见图25）。电力定期推送业务数据，完善政府综合数据分析能力；电力实时查询政府共享数据，实现政企数据融合应用。"能源大数据应用管理"支撑国家电网获评国内首个 DCMM（数据管理能力评估国家标准）五级（最高级别）认证单位；数据质量智检工具在 9 家省级电力部署推广应用，获 2021 年度 DAMA（Data Management Association，数据管理协会）中国数据管理峰会工业企业数据治理最佳实践奖。

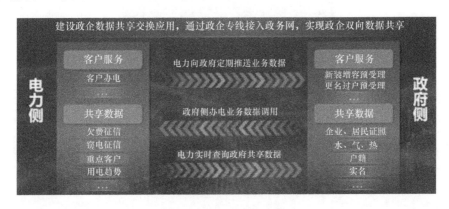

图 25　政企数据共享交换

### （三）创新数字化产品，推动治理能力现代化和经济高质量发展

针对政府治理和企业服务，探索构建"双碳"数智应用、用能预算化管理应用、产业链监测分析等数字化产品，服务政府科学决策、企业能效提升、公众低碳生活。第一，打造浙江省"双碳"数智应用，构建"双碳"数智驾驶舱，将治碳、减碳、普惠管理闭环线上化呈现在数字驾驶舱中，动态跟踪全省、分区域、分领域指标情况（见图26）。第二，建设"节能降碳 e 本账"应用场景，

创新"省—市—县—企业"用能预算分级管理机制,将企业能效水平动态应用于地方政府用能指标分配、企业用能确权与年度基准分配、企业用能动态监控与分析预警等全流程。截至 2021 年底,实现浙江省域 5.8 万家重点用能企业的看碳、析碳、管碳,为企业提供能效服务 38091 次,支撑政府出台能源监管政策 4 项,支撑用能企业完成用能权交易金额 5.45 亿元。第三,在浙江绍兴嵊州等地试点开展产业链监测分析,突破专业壁垒融合政府部门企业报税、用地、用工等外源数据创新"电量—产能"折算体系,为地方政府产业链生产断链风险预警提供支撑,助力帮扶有减产、停产风险的企业 79 家次,排除产业链风险点 4 个,统筹保障财政资金 600 万元。

**图 26　"双碳"数智场景应用**

## 三、下一步的建设思路

下阶段,国网浙江省电力有限公司将以数字化改革为引领,进一步拓宽"能源大数据应用管理"应用边界,完善数据治理体制机制,依托各级政府的大力支持,持续汇聚海量实时、高频能源数据,深挖数据价值,进一步规范建设标准,深化能源大数据应用,进一步做好市场主体服务工作,实现治理端和服务端并重发展,辅助社会治理、赋能经济发展、服务民生改善。

（供稿单位:国家电网有限公司大数据中心、国网浙江省电力有限公司、国网江苏省电力有限公司南京供电分公司）

# 数字青山"嵌"进百姓生活的数字化实践

数字技术深刻地重塑了发现和利用机会的方式。利用数字力量加快乡村创业与产业振兴已成为热点话题。围绕"数字赋能乡村振兴"这一现实性议题,本案例描述了杭州市余杭区黄湖镇青山村在社会创业大背景下,各项数字实践从无到有、从零散到聚合的发展历程。一方面,阐述社会创业背景下乡村数字化转型面临的困难与挑战,对乡村数字化建设现状及其过程有一个全面认知,把握乡村数字化发展的规律与特征,并强调"嵌"进百姓生活的数字化实践;另一方面,梳理总结青山村数字化共建共享的特色经验,并理解数字乡村治理与共同富裕的关系,为更高效促进乡村基层服务与乡村振兴提供参考。

## 一、青山村的现实问题

### (一)基层治理难度大

在基层工作中,村工作人员经常需要统计、通报各种信息,很多工作需要征求村民的意见和建议。以往,这些工作都是人工完成的:手工统计表格、人工张贴通知公示、启用广播通知、逐家逐户走访核对等。碰到某户村民在外地打工,还得通过电话反复联系沟通,不仅工作量大,效率也不高。随着创客以及游客的进入,村里的人员构成复杂了,管理的难度也就上来了,不同主体的诉求与利益冲突也需要及时解决。

为了响应党中央2018年数字乡村战略,青山村基层干部们的压力也不小。乡镇各个部门为了响应数字化办公的号召,都尝试了小程序的搭建,但很多平台的功能和作用是相似的,不同的数字化平台有各自维持日活跃度的要求。各个平台存在"上下难互通""同级互不认"的情况。如某次村里举办了垃圾分类培训会,一个活动需要在多个部门的平台上反复录入,本来人手也不多,基层工作人员的工作压力更大了。还有一个非常现实的问题,尽管早期的"青山村"小程序偶尔对青山村创客们以及本地村民的经营活动进行推介,但村干部们也并不专业。村里的年轻人都大力支持在线办公,但是老年群体们还是有点难以适应。

### (二)营销渠道不通畅

村民开办的农家乐、乡村民宿多采用传统营销方式,游客们游玩观光后往往不知道哪里有"吃"有"住"有"购",各大在线平台未能查询到相关服务信息,价格也不透明,游客的需求未能得到满足。那些参与旅游经营活动的村民们也同样十分苦恼,自家的民宿或农家乐找不到一个很好的引流推广及销售平台。村里经营农家乐的村民节假日会到村头揽客,那时游客也多,这样的方式也挺不错,但换作平时,效率就很低了。同样,从事农副产品销售的村民也提到了这样的问题,原来青山村没什么外人来,笋子等农产品都是费点儿力气拉到附近的市镇去卖,现在村里来的人多了,但是好像还是找不到买的人,没有什么集中的销售渠道或者平台。

### (三)公共数据不健全

随着青山村名气的逐渐提升,越来越多的新创业者想租赁青山村的物业,但总是无法找到中意的对象。创客们如果想了解村里整体情况,也只能靠自己摸索探寻。青山村也有闲置的农房及村集体资产,但想匹配比较合适的业态,也存在"盲人摸象"的情况。村里到底有多少闲置房屋?房内的设施是怎样的?每家房屋的租期有多长?周边的竹园有多少?茶园有多少?新村民创业的项目有哪些?他们的运营情况如何?……如果有一个平台能实时提供这些动态信息,那将大大提高村子的运营效率。

由于个体资源有限,创客们想要进一步优化数字平台或采用更多数字技术显得力不从心,单个经营主体的在线影响力与传播力确实有限。创客们也希望政府牵头,或者成立相关协会来搭建一个大平台,集中提供一些市场信息与宣传渠道。

## 二、青山村数字化发展的创新举措

随着青山村产业的发展,乡村治理的多元性与复杂性日益显现。社会主体多元、发展力量分散缺乏合力、治理结构缺乏系统性……新的现实困难又一个个地摆在了村干部们面前。有限的数字化建设经费面前,既要服务好新老村民的创业需求,促进青山村产业的进一步发展,又要提升基层的治理与服务效率,还要考虑数字化运维的成本,青山村接下来的数字化发展重点在哪儿? 众多的问题该如何解决呢?

### (一)数字化助力绿水青山

"环境好了,生活才能更好。"[①]这句话真是预见了青山村从早期水污染严重到治理后的繁荣场面。数字乡村建设不应止步于产业发展层面,更应涵盖生态与生活等更广阔层面的共建共治。

2014 年,阿里巴巴公益基金会与大自然保护协会等联合发起"善水基金"信托,将青山村龙坞水库作为第一个试点地,探索保护乡村小水源地。在多方的共同努力下,青山村的水质不仅被提升到了国家一类,更是在摸索中建立起了市场化的生态补偿机制。或是被青山村秀美的自然环境所触动,或是被村中质朴友善的民情所吸引,从环保主义者到设计师,一位又一位社会创业者怀着不同但相似的情怀,入驻了青山村,成为"新村民",带来了新业态:先是致力于传承中国原创乡土工艺的融设计图书馆,再是倡导自然体验和环境教育的青山自然学校,紧接着又来了主张沉浸自然释放活力的麦芒基地……一个又一个项目,雨后春笋般顺着青山村的气质破土发展了起来。

2015 年青山村龙坞水库治理时,村内便成立了一个专门用作生态保护的基金——"善水基金"。依托该基金,青山村逐步完善了对龙坞水库水质

---

① 央广网.【每日一习话·乡村之美】打造农民安居乐业的美丽家园.(2018-03-08)[2023-06-20]. https://news.cnr.cn/dj/sz/20230620/t20230620_526294737.shtml.

的智慧监管系统与村内遥感监测系统。如今,通过"青山青山村"小程序,访客们便可在线实时欣赏青山村的秀山翠水,获取水库水质的各项实时信息。

为了让新老村民更好地共建共创青山村,杭州余杭绿水未来乡村发展有限公司(以下简称为绿水公司)启动了"自然好邻居"项目,鼓励大家共同构建环境友好型村落。凡是入选该项目的村民,均需要在经营中避免使用一次性物品,坚持使用环保袋和可循环使用的材料,严格进行垃圾分类。根据"好邻居"们的在线绿色积分档案,评级高的村民可以获得奖励和更多的在线资源导流。此外,"自然好邻居"项目也鼓励新老村民利用手艺技术参与村落的共建。绿水公司在村接待中心的二楼设置了共富工坊,在这里,绿水公司时常会组织公益技能培训和商业课程,提升村民的技术与经营意识;偶尔也会指导开展直播,对外推介村内的特色产品。如今,"自然好邻居"项目线上入口也被纳入了"青山青山村"小程序之中。通过该项目收益的村民们将会把收入的 10％自动捐赠返还给善水基金,助力青山村生态保护工作的持续开展。

### (二)数字化赋能乡村旅游

青山村的数字化萌芽,这群外乡来的创客们可是发挥了不小的作用。当年创业者们虽身居乡间,但是项目和产品还得积极找市场!项目一落地,他们便先后通过各自的在线渠道,分享公司的日常、好玩的活动、有趣的创意。

青山自然学校的经营团队先是成立了自己的微信公众号"青山研习社 NatureHub",发布精心制作的活动视频、公益分享课等,积极探索线上营销,通过社交媒体的推广吸引更多客流。平行宇宙咖啡馆的店长也闻机而动,摸索着搭建了一个在线预订和下单的小程序。商家会定期举办一些主题活动来吸引游客过来打卡,早期只在小红书、公众号和客人们互动。一方面,有了这个小程序后,客人们可以提前看到店里的产品及其价格,并提前预订,客人来之前商家可以灵活调整当天的餐饮制作量;另一方面,商家会鼓励客户在小程序上进行评价,积累口碑。融设计图书馆还搭建起了"融设计概念店"小程序在线交易平台,进一步拓展了自己的业务范围。

为了吸引更多的关注,各个社会创业团队之间也会联合举办活动,向村里村外的朋友们发出邀请。捎带着,也宣传起了青山村的日常,瓦蓝的天、清脆的竹、阿婆家的青团、大叔家的笋干……从 2019 年到 2022 年仅三四年的光阴,青山自然学校、融设计图书馆等新产业已经为青山村带来了年均 4 万—5 万人次的游客数量。

随后,青山村还以绿水公司为主体,开通了"未来青山"公众号,对村内各个景点、餐饮、民宿、农副产品等资源进行整合和统一管理。该公众号目前主要包含三个板块:游玩资讯、订餐订房及关于青山板块(见图 27),各板块下面嵌入不同的内容。如游玩资讯板块下面的活动清单界面,汇总了青山村全年的活动日历,村内大大小小的活动被分为了手工体验类、自然体验类、运动户外类、农事体验类及公益团建类五大类,内嵌了各个活动内容、时长与费用等的详细介绍,并提供统一的在线预订方式。将分散的活动汇集到一起统一宣传,无形中规范了青山村的经营项目,也有利于青山村整体品牌的构建与市场竞争力提升。

**图 27　"未来青山"公众号主要功能介绍**

游客们可通过订餐订房中的在线预订功能进行小程序跳转,一键满足吃、住、行、游、购的全部需求。从最初只有创客们的项目与活动,到后来老李家的特色民宿、相阿姨的全鸡宴、小王家的手工竹制品、谭阿姨的笋干……渐渐地,越来越多大大小小的产品入驻到小程序中,经营效率和原来相比可是提升了不少。新老村民经营者共享平台带来的红利,获取收益后将按照一定比例返还平台,助力平台日常维护与进一步建设优化。此外,潜在创客们还可通过"成为村民"功能,了解村内闲置房屋情况与不同项目的招商要求,并直接通过公众号进行联系。

2020 年底,经黄湖镇政府与青山村议事会审议通过后,绿水公司进一步成立了专门负责村内旅游业务运营的团队——杭州未来青山旅游有限公司(以下简称为未来青山公司),助力整个村落旅游品牌的运营与发展,致力于提升游客体验。在省政府专项拨款补贴下,一方面,"智慧超市""智慧充电椅"等设施的身影出现在了青山村的村头巷尾;另一方面,未来青山公司又推出了青山村访客导视系统"青山青山村"小程序。这个小程序的名字和青山村的品牌 logo 是一样的。Logo 的名称来源其实和青山村的地貌有关,整个村是三面环山,被青山包裹起来,所以叫"青山青山村",但对外宣传时,一般简称青山村。该小程序除了村内景点的导览外,增设了"生活圈"功能板块。在该平台上访客可以一键检索到访客中心、超市、公厕、停车场、共享办公中心、运动场以及民宿等多个地点。

"青山青山村"小程序还推出了"邻里停"功能板块。虽然村中统一修建了大型的停车场,但到了节假日,还是会出现车位不足的情况。通过这个在线平台,村民可将自家院子里的闲置车位登记在系统中,游客可通过快捷预约解决停车难的问题。

### (三)数字化完善多元协同

看着村里基层干部忙碌的样子,作为青山村新村民的创客们提议,不如建个微信工作群吧!村委会牵头,"青山村新老村民群"就这样出现了。有了和村委对接的公开通道,创客们在村里碰到任何问题,都能在群里得到及时回应。创客们有时举办活动需借用村里的大草坪,以往得亲自跑村委会找工作人员审批。现在方便啦,群里填个"场地使用申请"就可以了。信息在"线"上跑起来,大伙在"线"下就不用跑了。创客们还积极通过线上渠道为村子的发展建言献策,游客们有哪些新的诉求与建议,在产业实践前沿的各位创业者们往往最为清楚,数字化的"甜头"十足。

然而,尽管微信群有了,但一键发布的模式并没有节约多少沟通成本。前前后后村委针对不同的主体,成立了好几个群。群内的消息从早到晚"叮叮咚咚"响个不停,村委不得不指定专人来实时回复群里的各种问题。在国家数字乡村建设大背景的号召下,加上受创客们的启发和带动,青山村打算做一个在线平台来提升基层政务的效率。为此,青山村委派专人负责,第一个简易版"青山村"小程序上线了。一方面解决村内外各项信息沟通问题;另一方面尝试性推介青山村创客们的各项活动。就这样,青山村和数字化有了一次又一次"拥抱"!

从百姓角度或是政府层面,乡村真正的数字化是以数字技术为动能,架构乡村发展新空间,切实有效解决百姓的各种诉求,打通数字乡村"一张网",实现乡村精细化管理和数据的集成应用。由于涉及不同的利益主体且涵盖范围广,青山村数字化建设首先以问题为导向展开专题研究,统筹推进。基层干部通过入户访谈、"青山同心荟"议事会、专家意见征求等多种方式,就各方对当下产业发展、乡村治理等方面存在的问题,及未来如何更有效推进乡村数字化统筹建设进行了多次调研、分析和探讨。渐渐地,大家达成了共识,"青山村数字化建设一定得有一个统一的端口或平台集成点,链接不同部门、不同主体之间的需求与数字信息,集成资源,统一管理,放大乡村共享资源的规模效应。

面对村内涌现出的越来越多的创业者和游客,应该有一个专业的团队来做好整个村子的运营与在线管理,更好地服务于村里的创业者,推进产业的发展。当年的青山村因一汪水而获得重生,因水而兴,2020年下半年,为了进一步协调区域经济发展和生态环境保护之间的关系,黄湖镇政府牵头撮合,由青山村股份经济合作社与区环境(水务)控股集团合作成立了绿水公司,并招募了职业经理人入驻。

一个乡村本身各方面资源是有限的。青山村的干部一直在不断思考如何更高效地整合闲置的、零散的资源,来服务村落的发展。绿水公司对村内各类资源进行了梳理。绿水公司的职业经理人和基层干部一起调研了村内已有的各项经营项目,整理并公示了村集体资产目录和对外经营价格清单,对集体资产的利用情况和待用空间有了清晰了解,为产业入驻和下一步招商提供了准确的资产信息。

随后两个面向游客及商户、信息共享的统一平台被搭建了起来,它们不仅整合了之前诸多的数字平台,而且保持了开放的接口,便于添加后续新的板块内容和数据接口。目前,两个平台均由专业公司运营,由上级政府及村民议事会统一进行考核和监管(见图 28)。

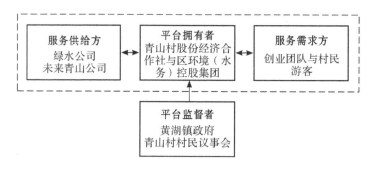

**图 28　青山村数字平台的主体结构**

乡村产业的进一步发展离不开村内多元主体之间及时有效的信息传递与信息交互,其实数字化平台不仅仅是技术载体,它更是一种组织方式,乡村里并不缺乏有潜力的内生空间与力量,缺乏的是把不同主体的潜能有效聚合在一起并转化输出的平台,一个允许多元主体共建共享协同发展的平台,这才是数字化技术更大的意义所在。

### (四)数字化实现村民自治

浙江省数字乡村建设与数字化改革、共同富裕示范区建设是息息相关的。乡村数字化建设,绝对不仅仅体现在村口那个"高大上"的无人智慧超市,或者是路边几张公共智慧充电椅。真正到基层去了解村民的诉求,通过数字化技术为他们的生活带来便利与改善,把产业发展的红利更好地惠及到每一位村民才是关键。

2021 年,由村内乡贤和入驻的新兴产业联合募资,黄湖镇未来乡村"善美青山"社区基金会正式成立了。该基金专门用于村内各项公益事业,促进青山村百姓生活水平的改善。无论是老村民或新村民,只要有点子,都可以向基金会提出申请,由乡贤、新老村民代表组成的理事会进行评审。

乡村的"熟人社会"里,新老村民有需要帮助的,村里或微信群"喊"一声问题可能就解决了:有老村民帮助创客打理庭院、翻新装潢的,有新村民帮助老村民推介产品,或是做志愿者进行智能手机教学的……现在是不是可以通过数字化平台,进一步延续这样的好风尚,培育青山村的"善美文化"?

抱着这样一个朴素的想法，一个依托"善美青山"社区基金，专门面向村民服务的小程序——"善美青山"横空出世了。

　　每位注册该小程序的村民，在经过身份认证后会获得一定的贡献分。村委或者村民个体有任何诉求均可在平台上设置一定的贡献分，并悬赏发布。感兴趣或有能力的村民即可"接单"，完成任务后会获得对应的贡献分。最终贡献分可在社区大厅兑换相应的礼品。王奶奶亟待打扫的庭院、李伯伯因农家乐客满而无人照料的孙子，创客们想翻新院落篱笆缺乏帮手……通过该平台，不仅大家的需求得到了解决，更促进了村内友好互助的氛围形成，融洽了邻里关系。如今，该平台涵盖了"志愿者征集""技能分享""二手集市""议事会议题征集""最美评选""文娱公益"等多个在线活动板块。通过设置各种丰富的活动，积分被鼓励进一步在平台中流转，村民每日有大量的机会参与社区共建并获取积分，村民们有了需求也可通过该平台发布活动转让积分。

　　到 2022 年底，全村超过 80% 的村民已经完成了注册。青山村希望能够通过数字平台，积极倡导村内互帮互助，鼓励村民、社会创业者充分参与村落治理与共享共建。大家一起做公益，行环保，也一起欢享发展成果，一起畅想未来。青山村将对"善美青山"小程序进行持续优化，不远的将来，该程序将会面向公共访客开放，链接更多的人参与到乡村共建中。

## 三、青山村下一步的数字化发展思路

　　2022 年浙江省委召开全省数字化改革推进大会，进一步提出了"1612"总体架构，其中特别强调了"基层智治系统"的打造。对比该目标，青山村当下的数字化建设开了个头，但还远远不够。

　　青山村只是在乡村生产、生态以及生活场景中进行了各项数字化的尝试，接下来，青山村需要在平台基础层、服务支持层与应用拓展层三个层次，努力完善以镇为单位的综合性信息平台体系。除了平台搭建，要真正做到数字乡村"一张图"，更要经历从技术理性到制度理性的跨越。乡村数字化建设需要党建引领、政府牵头，如何达到行政绩效、产业发展、企业成本与社区参与的平衡,做好政府、市场、产业与社区等多元主体交互？青山村的数字化发展道路接下来该怎么走,才能更好地促进村里"三产"的融合发展？该如何进一步以数字应用为抓手,实现从主体赋能到社会数字赋能的跃升,充分提升村民的获得感、幸福感与安全感？乡村数字平台建设中,如何做好背后的组织保障与标准规范,更好地提升社区治理与公共服务水平？如何更好地激发新老村民共建、共治、共享的动力,最终讲好中国乡村的现代化故事是青山村下一步数字化发展的关键。

（供稿:浙江大学管理学院,应天煜、周思霄、黄浏英、魏江）

# 总结与展望

党的二十大报告指出，要加快建设数字中国。数字化改革，是浙江省委为"两个先行"量身定制的改革系统，是打造数字变革高地的必由之路，是迈向共同富裕和现代化的"船"和"桥"。在 2022 年，浙江的数字化改革的构架、路径、机制、模式成熟定型，理念、思路、方法、手段深入人心，已经从夯基垒台、立柱架梁、探索创新阶段，进入了实战实效、系统重塑、形成能力的新阶段。①

未来，在"两个先行"大场景下，浙江需要在数字技术、数字制度和数字文明三个方面形成新的着力点，加快构建新体系、重塑新模式、形成新能力。

第一，梳理迭代数字技术，构建新体系。一方面，对已有技术进行全面科学评估，形成具有普适性的指导实践方法论，从技术方法层面对数字经济、数字政府、数字社会等领域的基层创新经验进行全面梳理与总结提炼，重塑线下的业务流程、体制机制、制度规范，形成线上线下相结合的数字化应用，打造一个全新的数字载体，有效连接现实的物理空间与社会空间，在数据交互、仿真模拟、应用实战中更好赋能省域经济社会复杂巨系统治理；另一方面，基于新的需求精准高效地对现有技术进行系统性的迭代升级，更加科学化、精准化、智能化地优化现有各类大脑等公共数据平台，支撑省域治理精准感知、科学分析、智慧决策、高效执行，进而更好地服务国家重大战略需求，解决群众、企业、基层所急所盼的普遍性重大问题，最终实现数字治

① 以数字化改革驱动实现"两个先行". (2022-08-17)[2022-11-15]. https://www.zj.gov.cn/art/2022/8/17/art_1229603977_59819465.html.

理体系和治理能力现代化的远景目标。

第二，协同创新数字制度，重塑新模式。一方面，通过基层大调研发现一体融合改革、三融五跨场景中的体制机制障碍及现实工作中存在的痛点堵点问题，通过需求分析谋划确定改革项目，建立动态调整机制，将需求紧迫、符合标准、具备启动条件的列入重大改革清单，以牵一发而动全身重大改革引领撬动各方面各领域改革，构建政府、社会、企业、个人的全新链接，形成共建共享的生动局面，层层放大形成滚雪球效应；另一方面，加快探索数据产权流通交易、要素收益分配、市场化配置治理、数据安全保障等方面的制度，全面激活数据要素潜能，探索完善数据基础制度体系，努力赢取数字规则话语权，形成具有普遍意义的理论体系和制度规范，为全国先行探路。

第三，发展构建数字文明，形成新能力。浙江是数字经济先发地，打造数字文明之省是浙江数字化发展的长远目标。数字文明包含了技术应用的普适性、可及性、均衡性，在共同富裕背景下，数字文明是共同发展共同进步的一种现代化社会的形态，共建共治共享是推进实现数字文明发展的关键路径。需进一步破解数字领域发展不平衡、规则不健全、秩序不合理等问题，逐步提升人民群众的数字素养、破解跨越城乡区域数字鸿沟、强化数字化在实体经济增长中的渗透率，打造数字政府、数字经济、数字社会、数字文化、数字法治等领域的数字文明时代新气候，改善生产生活要素治理，进一步激发质量变革、效率变革、动力变革，最终形成一套完备的理论体系和制度规范体系，切实保障数字文明的健康可持续发展。